EUL VERLAG

EINZELSCHRIFTEN

Jens Ortgiese und Carlo Velten (Hrsg.)
Entrepreneurship, Venture Capital und Investment Banking – Gewidmet Prof. Dr. Klaus Nathusius anlässlich seines 70. Geburtstages
Lohmar – Köln 2014 • 216 S. • € 55,- (D) • ISBN 978-3-8441-0302-1

Daniel M. Blab
Die Anwendung der International Public Sector Accounting Standards (IPSAS) als funktionales Element einer Neuordnung der öffentlichen Verwaltung – Eine konzeptionelle und normative Analyse am Beispiel von Natur- und Kulturgütern
Lohmar – Köln 2014 • 460 S. • € 69,- (D) • ISBN 978-3-8441-0305-2

Nicole Seifferth-Schmidt
Die Theorie des Sozialkapitals und dessen empirische Genese und Wirkungen in Deutschland
Lohmar – Köln 2014 • 204 S. • € 49,- (D) • ISBN 978-3-8441-0308-3

Stephan Dieter Prym
Die Bedeutung von Sozialkapital beim Internationalisierungsprozess von Familienunternehmen
Lohmar – Köln 2014 • 484 S. • € 72,- (D) • ISBN 978-3-8441-0314-4

Philipp Huber
Bewertung von Unternehmen im Economic und Financial Distress – Eine Analyse der Discounted Cashflow-Verfahren
Lohmar – Köln 2014 • 172 S. • € 48,- (D) • ISBN 978-3-8441-0318-2

Anne Böttcher
Der Einfluss des Wettbewerbs unter deutschen Banken auf den zyklischen Verlauf des Kreditangebotes
Lohmar – Köln 2014 • 192 S. • € 49,- (D) • ISBN 978-3-8441-0324-3

Regine Merz
Künstlerische Therapien zur Burnout-Prävention in Unternehmen – Einsatzmöglichkeiten und ökonomischer Nutzen
Lohmar – Köln 2014 • 84 S. • € 37,- (D) • ISBN 978-3-8441-0330-4

JOSEF EUL VERLAG

Dr. Regine Merz

Künstlerische Therapien zur Burnout-Prävention in Unternehmen

Einsatzmöglichkeiten und ökonomischer Nutzen

Bibliografische Information der Deutschen Nationalbibliothek

Die Deutsche Nationalbibliothek verzeichnet diese Publikation in der Deutschen Nationalbibliografie; detaillierte bibliografische Daten sind im Internet über <http://dnb.d-nb.de> abrufbar.

ISBN 978-3-8441-0330-4
1. Auflage Juni 2014

JOSEF EUL VERLAG GmbH
Brandsberg 6
53797 Lohmar
Tel.: 0 22 05 / 90 10 6-6
Fax: 0 22 05 / 90 10 6-88
E-Mail: info@eul-verlag.de
http://www.eul-verlag.de

Bei der Herstellung unserer Bücher möchten wir die Umwelt schonen. Dieses Buch ist daher auf säurefreiem, 100% chlorfrei gebleichtem, alterungsbeständigem Papier nach DIN 6738 gedruckt.

Geleitwort

Von Prof. Fritz Marburg

Die neuere Kunsttherapie geht bereits in ihr zweites Jahrhundert. Was sich im Beginn des 20. Jahrhunderts in heftigen Auseinandersetzungen als MODERNE etabliert hat, konnte auch sie, die moderne Kunsttherapie, aus alten, ja sogar uralten Quellen wieder ans Licht und zu neuem Leben bringen. In der Praxis der meisten Heilkundigen alter Zeiten und Kulturen war bekannterweise die Behandlung Leidender und Kranker mit und durch Kunst selbstverständlich und geläufig.

Mit dem Durchbruch der modernen Kunst, in der die Abkehr von den durch sie vermittelten und tradierten Inhalten eingeleitet wird, wendet sich der Fokus vehement auf die künstlerischen Mittel, auf die ureigenen künstlerischen Gestaltungselemente, eben: rein, pur und „abstrakt", und damit mehr auf das WIE ihrer Wirkung und weniger auf das WAS ihrer Aussage.

Gleichzeitig entstehen vielfältige Veränderungen. Neue, revolutionäre Bewusstseinsprozesse erfassen die Weltsicht und die Wissenschaftsauffassungen. Ausdruck davon sind beispielsweise die Jugendbewegung (Wandervogel), die ökologische Bewegungen, die Reformpädagogik (mit der die Kunsttherapie methodisch nahe verwandt ist), die Psychoanalyse, neue Soziallehren sowie verschiedene anthropologische, philosophische und spirituelle Strömungen.

Unverständnis und harte Gegnerschaft bleiben nicht aus und prägen den Jahrhundertanfang. Materialistische und nationalistische Gesinnungen des 19. Jahrhunderts treten brutal in Erscheinung und bestimmen die bekannte katastrophale Entwicklung.

Und heute? Die Signatur unseres Zeitalters beruht auf hoher intellektuell-technischer Intelligenz gepaart mit starker, zum Teil skrupelloser Potenz der Durchsetzung und Ausbeutung: Unser Zeitalter beruht auf Denken und Wollen. Naturwissenschaft, Technik und Ökonomie haben die ganze Welt (Globalisierung) und damit den Menschen „im Griff." Und dieser

Zugriff ist ebenso elegant und effizient wie gewaltsam und rücksichtslos. Rücksicht in diesem Sinne meint: Kopf (Konzept) und Hand (Maschine), Denken und Handeln haben das Dritte der menschlich tragenden Grundqualifikationen, nämlich das seriös prüfende, das abwägend besinnende, das Kontraste vermittelnde Fühlen, das Gefühl, das „Herz“ vernachlässigt. Hier, im Gefühl, im „Herz“, ist aber das Ursprungsgebiet, das Übungs- und Arbeitsfeld der KUNST. Ohne Kunst kein Mensch. So könnte man die Beuys‘sche Sentenz „Jeder Mensch ist ein Künstler“ abwandeln. In diesem (und seinem) Sinne ist Kunst nicht zu verwechseln mit Kunstmarkt, Kunstbetrieb, Kunstwissenschaft. Allerdings ist mit und durch die Kunst anthropologisch gesehen, also kultur- und epochenübergreifend, der Mensch als Mensch erst ganz, vollständig, gesund, etc.

Die künstlerischen Phänomene, Elemente, Prozesse und Disziplinen sind hervorgegangen aus der menschlichen Evolution - auch als deren Unterscheidung von der tierischen - und haben Spuren, Ereignisse und Auswirkungen hinterlassen. Sie enthalten als Wahrnehmungsobjekte und als Tätigkeitserfahrung vice versa Rückwirkungen auf den Menschen, auf sein Erleben, sein Befinden, sein Verhalten, sein Selbstverständnis. Und zwar auf holistische, ganzheitliche und gesundende Weise. Alles dieses ist in der Fachliteratur einschlägig dargestellt und noch keineswegs vollständig entdeckt.

Wenn nun Regine Merz die vorliegende Untersuchung über „Einsatzmöglichkeiten und ökonomischen Nutzen künstlerischer Therapien zur Burnout-Prävention in Unternehmen“ einer breiteren Öffentlichkeit vorlegt, so geschieht das m. E. unter zwei Aspekten:

Das inzwischen in Anwendungsgebieten und Ansätzen differenziert ausgebreitete kunsttherapeutische Arbeitsfeld hat einen immensen Forschungsbedarf, einschließlich der Entwicklung adäquater Forschungsmethoden (s. Peter Petersen u. A.). Jeder solide Teilbeitrag ist daher ein Baustein an diesem Gebäude. Die Spezifizierung des Themas, Beschränkung auf die gebräuchlichen akademischen Strukturen und Sorgfalt bei der Beurteilung der therapeutischen, sozialen und ökonomischen Wirkfaktoren sind hier in zeitgemäßer, sachlicher Art vorgetragen.

Dahinter erscheint die langjährige professionelle Erfahrung der Autorin: Erfahrung in der eigenen künstlerischen Arbeit, in der kunsttherapeutischen Praxis und in der kunsttherapeutischen Lehre. Spürbar ist dabei der Impuls, auf der Grundlage des oben entwickelten Kunstbegriffs Engagement und Umsicht einzusetzen zum Wohl individuell Bedürftiger und zum Erschließen neuer Wirkungsfelder auf dem psychosozialen Feld.

Ennenda/ Glarus, Schweiz, 27.02.2014 Fritz Marburg

Geleitwort

Von Prof. Peter Sinapius Ph.D.

Für das, was landläufig Burnout genannt wird, ist das Feuer ein gutes Bild. Um es am Brennen zu halten, müssen verschiedene Bedingungen erfüllt sein: Es braucht eine Initialzündung, die es entzündet und es braucht Brenn- und Sauerstoff in einem richtigen Verhältnis, um die Flamme am Brennen zu halten. Verbrennt das Feuer unkontrolliert, gibt es einen Brand. Das Bild des Feuers bringt zwei Seiten zu Bewusstsein, die zum Burnout führen können wenn ihr Verhältnis nicht stimmt: Das Verhältnis zwischen Arbeitsbelastung und den individuellen Ressourcen, um sie zu bewältigen.

Das Thema Burnout hat in den letzten Jahren wahrscheinlich nicht zu Unrecht Furore gemacht. Mit dem Tempo, der Dichte und Intensität von Arbeitsprozessen nehmen Stresserkrankungen drastisch zu, insbesondere dort, wo Arbeitsabläufe immer effizienter und kostengünstiger gestaltet werden. Personalmangel, automatisierte Abläufe, einseitige Arbeitsbelastungen und komplexer werdende Anforderungen führen zu erheblichen individuellen und sozialen Problemen. Es stellt sich die Frage, ob der ökonomische Nutzen nicht teuer erkauft ist: gesundheitliche Erkrankungen infolge wachsender Arbeitsbelastungen und Stress werden selbst zu einem erheblichen Kostenfaktor, der sowohl die Betriebe als auch die Kosten im Gesundheitswesen auffallend belastet.

Das Thema Burnout-Prävention, das Regine Merz in ihrer Arbeit behandelt, ist hoch aktuell. Die Arbeit ist umso verdienstvoller, da künstlerische Konzepte oder gar die künstlerischen Therapien in diesem Zusammenhang noch Neuland sind.

Was können künstlerische Programme zur Burnout-Prävention bewirken?

Erschöpfungszustände, die im äußersten Fall zum Burnout führen können, schränken die Fähigkeit ein, belastende Situationen adäquat zu erfassen und kooperativ zu gestalten. Es entsteht das, was landläufig als „Tunnelblick“ bezeichnet wird: die Wahrnehmung verengt sich. Die eingeschränkte Wahrnehmung wirkt sich wiederum auf das emotionale und körperliche Befinden der Beteiligten aus. Kurz: Körperlicher Stress schränkt die Wahrnehmung ein und eine eingeschränkte Wahrnehmung erzeugt Stress. Es entsteht ein Teufelskreis.

Künstlerische Programme öffnen Erfahrungsräume, in denen die Einschränkungen und Regeln des beruflichen Alltags keine Gültigkeit haben. Die Kunst hat vor allem Einfluss auf die Wahrnehmungs- und Handlungsfähigkeit der Betroffenen und vermag ihre Fähigkeit zu mobilisieren, komplexen Herausforderungen einfühlsam und geistesgegenwärtig zu begegnen.

Der Zusammenhang zwischen künstlerischen Prozessen und sozialen Interaktionen, zwischen ästhetischer Wahrnehmung und Empathie lässt sich inzwischen sowohl empirisch belegen als auch neurophysiologisch nachweisen. Dabei spielt die Art und Weise, *wie* wir uns Dingen und Situationen zuwenden, eine Rolle. Wir könnten kein Kunstwerk genießen, uns keinem Sonnenuntergang hingegeben, uns von keinem Musikstück berühren lassen, wenn wir nicht in der Lage wären, ihnen unsere Wahrnehmung zu *schenken* und - wenn man so will - einfühlsam zu sein. Wenn wir unsere Wahrnehmung dem Spiel des Lichts auf einer flirrenden Wasseroberfläche überlassen, gehen wir mit dem, was in der Ästhetik „Rauschen“ genannt wird. Wenn wir in einer Kontaktimprovisation auf unser Gegenüber antworten, haben wir es nicht in der Hand, was entsteht. Wir überlassen unsere Wahrnehmung dem Augenblick. Diese Art des Wahrnehmens ist nicht spezifisch hinsichtlich dessen, was sich über die Objekte oder Ereignisse, auf die sich die Wahrnehmung richtet, begrifflich sagen lässt, sondern hinsichtlich der Art und Weise, wie sie zur Erscheinung kommen und der Art und Weise der Zuwendung, die ihnen entgegengebracht wird.

Die Wahrnehmungsfähigkeiten, die uns dabei zur Verfügung stehen, bilden eine Ressource, um komplexen und unvorhergesehenen Situationen gerecht werden zu können. Wahrnehmungs- und Handlungskompetenzen, die wir mit dem Begriff „Geistesgegenwart“ apostrophieren, stehen uns zur Verfügung, wenn wir nicht gegen, sondern mit den Situationen gehen, die uns herausfordern. Sobald wir jedoch mit den Anforderungen des beruflichen Alltags konfrontiert sind, blenden wir oftmals diese Kompetenzen aus, weil wir uns gegen das Unvorhersehbare und Unberechenbare absichern wollen. An die Stelle eines geistesgegenwärtigen Handelns treten dann Notfallprogramme, Richtlinien oder Einsatzpläne, um Situationen in den Griff zu bekommen, über die wir längst keine Kontrolle mehr haben. Die Folge sind Stress und Überforderung. Künstlerische Programme zur Burnout-Prävention können jene Ressourcen mobilisieren, derer es bedarf Belastungssituationen zu meistern, bevor Stress und Überforderung eintreten. Sie können die betriebliche Gesundheitsförderung daher sinnvoll um ein Modell ergänzen, an dem sich Wahrnehmungs- und Handlungskompetenzen ausbilden lassen, ohne die wir Belastungs- und Krisensituationen nicht bewältigen können.

Es ist zu wünschen, dass die vorliegende Arbeit von Regine Merz in die Hände derer gerät, die Verantwortung für die betriebliche Gesundheitsförderung haben, um ihnen neue Perspektiven zur Burnout-Prävention zu öffnen. Kunst mag auf den ersten Blick keine betriebswirtschaftliche Größe sein, in Hinblick auf die zunehmende Anzahl von Stresserkrankungen könnte sie es werden. Wenn die vorliegende Arbeit dazu beiträgt, ein Bewusstsein hierfür zu schaffen, wäre schon viel erreicht.

Hamburg, 26.03.2014 Peter Sinapius

Danksagungen

Mein ganz besonders herzlicher Dank gilt Herrn Dr. sc. pol. Leif-Erik Wollenweber für den wissenschaftlichen Gedankenaustausch und seine fachliche Unterstützung.

Ferner danke ich meiner Lerngruppe für die langjährige Begleitung durch das Studium.
Für die fachlichen Anregungen, die wertvolle moralische Unterstützung und die unzähligen gemeinsam verbrachten Stunden bedanke ich mich ganz besonders bei Adam Darius Klich und Fiacre Kpatinde Dossa.

Herrn Prof. Fritz Marburg und Herrn Prof. Peter Sinapius Ph.D. möchte ich ganz herzlich für die Wertschätzung der Arbeit durch die wunderbaren Geleitworte danken.

Für das Lektorat danke ich Monika Dropuljic.

Hattingen, 07.04.2014 Regine Merz

Inhaltsverzeichnis

Geleitwort von Prof. Fritz Marburg V

Geleitwort von Prof. Peter Sinapius Ph.D. IX

Danksagungen XIII

Inhaltsverzeichnis XV

Abkürzungsverzeichnis XVII

1. **Einleitung** 1
   - 1.1 Problemstellung 1
   - 1.2 Zielsetzung 3
   - 1.3 Vorgehensweise 4

2. Theoretische Grundlagen I *„Burnout-Gefährdung in Unternehmen"* 5
   - 2.1 Definition Burnout 5
   - 2.2 Symptomatik im Verlauf des Burnout-Syndroms 7
   - 2.3 Ursachen des Burnout-Syndroms 10
     - 2.3.1 Arbeitsplatzbedingungen und Arbeitsstrukturen 10
     - 2.3.2 Individuelle Voraussetzungen 13
   - 2.4 Präventionsangebote 16
     - 2.4.1 Arbeitsschutz und Betriebliche Gesundheitsförderung 16
     - 2.4.2 Bestehende Angebote zur Burnout-Prävention 17

3. Theoretische Grundlagen II *„Künstlerische Therapien"* 21
   - 3.1 Überblick über künstlerische Therapien 21
     - 3.1.1 Musiktherapie 22
     - 3.1.2 Kunsttherapie 23
     - 3.1.3 Theatertherapie 24
   - 3.2 Besonderheiten künstlerischer Therapien gegenüber bestehenden Präventionsangeboten 25

4. Theoretische Grundlagen III *„Ökonomischer Nutzen und Mehrwert“* 31

4.1 Probleme der ökonomischen Analyse 31

4.2 Diskussion der ökonomischen Analysemethoden 33

5. Praktische Analyse 37

5.1 Erstellung eines Konzepts zur Befragung von Mitarbeitern 37

5.2 Ergebnisse der Befragung 39

6. Ergebnisse 43

6.1 Darstellung der Ergebnisse aus Theorie und Praxis 43

6.1.1 Entlastung des gesamten Gesundheitswesens 43

6.1.2 Senkung des Krankheitsrisikos und Verbesserung der Gesundheit 43

6.1.3 Kostenersparnis 44

6.2 Welche Strategien und Handlungsanweisungen lassen sich aus den Ergebnissen entwickeln? 47

7. Zusammenfassung und Ausblick 49

8. Anhang 53

Fragenbogen 53

9. Literaturverzeichnis 57

Abkürzungsverzeichnis

ArbSchG	Arbeitsschutzgesetz
BGF	Betriebliche Gesundheitsförderung
BGM	Betriebliches Gesundheitsmanagement
EWA	Erweiterte Wirtschaftlichkeitsanalyse
ICD-10	Internationale statistische Klassifikation der Krankheiten und verwandter Gesundheitsprobleme (International Statistical Classification of Diseases and Related Health Problems)
KEA	Kosten-Effektivitätsanalyse
KMU	Kleine und mittlere Unternehmen
KNA	Kosten-Nutzen-Analyse
KWA	Kosten-Wirtschaftlichkeitsanalyse
MBI	Maslach Burnout Inventory
NWA	Nutzwertanalyse
ROI	Return on Investment
SGB	Sozialgesetzbuch

„Wir können die Windrichtung nicht bestimmen, aber wir können die Segel richtig setzen."
Seneca

1. Einleitung

1.1 Problemstellung

Namhafte Sportler[1] wie der Skispringer Sven Hannawald oder der ehemalige Fußballprofi Sebastian Deisler erkrankten am Burnout-Syndrom und sorgten damit unter anderem dafür, dass die Erkrankung verstärkt in den Medien diskutiert wurde. Bis vor wenigen Jahren galt das Burnout-Syndrom als Phänomen, das überwiegend in sozialen Berufen anzutreffen war. Diese Sichtweise hat sich heute grundlegend geändert. Burnout-Erkrankungen nehmen außerhalb sozialer Berufsgruppen deutlich zu.[2] Arbeitnehmer und Führungskräfte aus allen beruflichen Bereichen zählen gleichermaßen wie Hochleistungssportler zu den Betroffenen. Die Ursachen sind vielfältig, zu beobachten sind eine Diffusion durch Informations- und Kommunikationstechnologie, die zunehmende Technisierung und Automatisierung sowie die voranschreitende Globalisierung. Diese Veränderungen wirken sich auf die Wertschöpfungskette der herkömmlichen Prozesse und Strukturen und auf die etablierte Form der Arbeitsteilung aus. Flexibilität, Anpassungsfähigkeit und Selbstorganisation konturieren das Bild eines modernen Arbeitsplatzes.[3] Arbeitsverhältnisse waren früher eindeutig definiert: mit einer klaren Trennung zwischen Freizeit und Erwerbsarbeit. Stabile Lebensläufe mit einer der Ausbildung angemessenen Status- und Rollenzuweisung über das gesamte Berufsleben hinweg werden heute zunehmend in Frage gestellt. Damit verbunden sind sowohl größere Gestaltungsspielräume für die Beschäftigten und Unternehmen als auch verschwimmende Grenzen zwischen Arbeit und Freizeit. Hohe Flexibilitäts- und Mobilitätsanforderungen bergen die Gefahr der sozialen Isolation. Einbußen in der Lebensqualität, die gesundheitliche Risiken begründen und zum Burnout-Syndrom führen können, sind die Folge.[4]

[1] Anmerkung: Bei allen in der Arbeit verwendeten Bezeichnungen, die auf Personen bezogen sind, meint die Formulierung beide Geschlechter, unabhängig von der in der Formulierung verwendeten konkreten geschlechtsspezifischen Bezeichnung.
[2] Vgl. Kurth, B.-M. (2012), S. 987
[3] Vgl. Nitzschke, A. et al. (2010), S. 389
[4] Vgl. Allenspach, M./ Brechbühler, A. (2005), S. 45

Der kürzlich erschienene „Stressreport Deutschland 2012" verdeutlicht die Aktualität und Brisanz des Themas „Stress".[5] Stress und unzweckmäßiger Umgang damit, stellen die Hauptursachen des Burnout-Syndroms dar.

Im betrieblichen Gesundheitsmanagement nimmt die Burnout-Prävention in Hinblick auf die Alterung der Belegschaft und den drohenden Fachkräftemangel eine wichtige Rolle ein. Damit die neu auftretenden Anforderungen des Wandlungsprozesses nachhaltig gelingen, muss neben den allgemeinen rechtlichen Arbeits- und Gesundheitsschutz zusätzlich eine spezielle Burnout-Prävention in den Fokus der betrieblichen Gesundheitsförderung rücken, welche die innerbetrieblichen und die persönlichen Bedingungen der Mitarbeiter berücksichtigt. Hier öffnet sich für die relativ jungen Berufe aus dem Bereich der künstlerischen Therapien ein neues Tätigkeitsfeld. Musik-, Kunst- und Theatertherapie zählen zu den künstlerischen Therapien. Sie können kurativ und präventiv die betriebliche Gesundheitsförderung mit speziellen Angeboten ergänzen.

Angestellten und Führungskräften wird unter professioneller, therapeutischer Anleitung die Möglichkeit gegeben, sich in unterschiedlichen künstlerischen Medien auszudrücken. Persönliche Gefährdungen und Kompetenzen können in den künstlerischen Gestaltungen erkannt und reflektiert werden. Das eigene Verhalten wird auf einer anderen Ebene erlebt und kann optimiert werden.[6] Darüber hinaus können mit künstlerischen Therapien kreative Lösungen erarbeitet und neue Zugänge zu den individuellen Ressourcen geschaffen werden. Strukturen im Team und Unternehmen sowie eventuell bestehende Reibungsverluste können erkannt und Veränderungen erarbeitet werden. Künstlerische Therapien können das bestehende Präventionsangebot erweitern. Die Teilnehmer von Präventionsangeboten können von der Verbesserung ihrer Selbstkompetenz, Motivation und Teamfähigkeit profitieren, wenn das bestehende Angebot durch künstlerische Therapien ergänzt wird. Letztlich können künstlerische Therapien präventiv zur Gesundheitsförderung des einzelnen Mitarbeiters eingesetzt werden. Des Weiteren können künstlerische Therapien die Unternehmenskultur auf einer künstlerischen Ebene erlebbar werden lassen sowie die Identifikation der Mitarbeiter mit dem Unternehmenszweck unterstützen.

---

[5] Vgl. Lohmann-Haislah, A. (2013), S. 65
[6] Vgl. Sinapius, P. (2010), S. 83

Das Burnout-Syndrom hat für den Betroffenen gesundheitliche und für den Arbeitgeber finanzielle Konsequenzen. Burnout kann einen Leistungsabfall, geringere Produktivität und Qualität der Arbeit hervorrufen. Im Krankheitsfall werden durch Fehlzeiten Kosten für das Unternehmen verursacht. Liegt eine ausgeprägte Burnout-Symptomatik bei Mitarbeitern vor, ist professionelle Hilfe erforderlich, die aus Psychotherapie und medikamentöser Therapie besteht und eventuell durch Rehabilitationskuren ergänzt wird.

Es wird angenommen, dass künstlerische Therapien als Burnout-Prävention in Unternehmen unerschlossene Leistungspotenziale mobilisieren können, die zu einer Produktivitäts- und Qualitätssteigerung führen, welche sowohl dem Beschäftigten als auch dem Unternehmen nutzen.

Bei einer betrieblichen Burnout-Prävention sollte also der ökonomische Nutzen mit einbezogen werden. Daher spielt bei der Untersuchung des Stellenwertes von künstlerischen Therapien zur Burnout-Prävention in Unternehmen die finanzielle Vorteilhaftigkeit eine entscheidende Rolle.

1.2 Zielsetzung

Ziel der Diplomarbeit ist die Darstellung von Ansatzpunkten für künstlerische Therapien und des ökonomischen Nutzens gegenüber bestehenden Angeboten zur Burnout-Prävention in Unternehmen. Kunst-, Musik- und Theatertherapie arbeiten mit unterschiedlichen künstlerischen Medien und fördern das kreative Potential. Künstlerische Therapien können nicht nur kurativ, sondern auch präventiv beim Burnout-Syndrom eingesetzt werden.[7] Gesundheitsförderung durch künstlerische Therapien kann zu sinkenden Fehlzeiten durch gesündere und motivierte Mitarbeiter und dadurch zu erheblichen Kosteneinsparungen führen.

Es wird erwartet, dass künstlerische Therapien besonders geeignet sind, um eigene Stärken und Schwächen zu reflektieren, die eigenen Verhaltensmuster und die Burnout-Gefährdung zu erkennen und zu verändern, und um sich darüber hinaus neuen Erfahrungen zu stellen

---

[7] Vgl. Italia, S. et al. (2008), S. 678

und diese gewinnbringend im Unternehmen einzusetzen. Die Teamfähigkeit, Selbstkompetenz und Selbstzufriedenheit können gestärkt werden. Das stellt eine nachhaltige Burnout-Prävention dar. Aus der Verknüpfung von persönlichen Zielen der Mitarbeiter mit dem Unternehmenszweck kann ein immaterieller Vermögenswert geschaffen werden, der sich langfristig für das Unternehmen als Wettbewerbsvorteil am Markt monetär auszahlt.[8]

1.3 Vorgehensweise

Die Fachliteratur wird mit Hinblick auf die Einsatzmöglichkeiten für künstlerische Therapien im Unternehmen analysiert und die theoretischen Grundlagen werden dargestellt. Der Begriff Burnout wird definiert und die Ursachen zur Ätiologie werden erläutert. Bestehende Angebote der Prävention und allgemeine Handlungsempfehlungen werden hinsichtlich ihres Nutzens für Mitarbeiter und Unternehmen diskutiert.

Anschließend werden die unterschiedlichen künstlerischen Therapien, deren Methoden und Wirkungsweisen vorgestellt. Die Ansatzpunkte und Besonderheiten für den Einsatz dieser Therapieformen zur Burnout-Prävention im Unternehmen werden aufgezeigt. Danach wird der ökonomische Mehrwert von künstlerischen Therapien untersucht. Es wird der Frage nachgegangen, ob durch künstlerische Therapien Fehlzeiten reduziert und die Teamarbeit der Mitarbeiter verbessert werden können, so dass durch den Einsatz ein ökonomischer Nutzen gegenüber bestehenden Angeboten für das Unternehmen entsteht.

Zur praktischen Analyse werden Mitarbeiter nach ihren Erfahrungen mit künstlerischen Therapien in Unternehmen befragt und um eine Einschätzung gebeten. Die gewonnenen Ergebnisse werden danach zusammengetragen. Sie werden in Bezug zur theoretisch erarbeiteten Grundlage gesetzt und diskutiert.

Abschließend werden alle Ergebnisse zusammengefasst und es erfolgt ein Ausblick.

---

[8] Vgl. Ulrich, D./ Ulrich, W. (2012), S. 55

2. Theoretische Grundlagen I *„Burnout Gefährdung in Unternehmen"*

2.1 Definition Burnout

Der Begriff Burnout (englisch, (to) burn out: ausbrennen) wurde 1974 vom Psychotherapeuten Herbert Freudenberger geprägt.[9] Eine depressionsähnliche Symptomatik infolge beruflicher Überlastung wurde beschrieben. Nach Christina Maslach, Mitbegründerin des „Maslach Burnout Inventory" (MBI), einem Testverfahren zur Burnout-Messung, ist arbeitsbedingter Burnout durch drei Charakteristika geprägt: Erschöpfung, körperlicher wie auch emotionaler Art, Depersonalisierung und einem Leistungsabfall bis hin zur Leistungsunfähigkeit.[10] Unter Depersonalisierung wird eine Entfremdung verstanden, bei der die betreffende Person keinen oder nur einen eingeschränkten und verzerrten Zugang zu ihren Gefühlen und sinnlichen Wahrnehmungen, sowie zu ihrem Körper und Handlungen hat.

Das Burnout-Syndrom wird international nicht als Krankheit eingestuft. In der Internationalen Klassifikation der Erkrankungen (ICD-10) wird das Burnout-Syndrom als „Problem mit Bezug auf Schwierigkeiten bei der Lebensbewältigung" mit dem Diagnoseschlüssel Z 73.0 erfasst. Burnout wird durch diesen Diagnoseschlüssel als Rahmen- oder Zusatzdiagnose eingestuft, eine Einweisung in ein Krankenhaus aufgrund eines Burnout-Syndroms ist dadurch nicht möglich.[11]

In der Literatur findet sich keine einheitliche Definition, sondern es existieren einige Beschreibungen:

- „Burnout ist ein dauerhafter, negativer, arbeitsbezogener Seelenzustand „normaler" Individuen. Er ist in erster Linie von Erschöpfung gekennzeichnet, begleitet von Unruhe und Anspannung, einem Gefühl verringerter Effektivität, gesunkener Motivation und der Entwicklung dysfunktionaler Einstellungen und Verhaltensweisen bei der Arbeit. Diese psychische Verfassung entwickelt sich nach und nach, kann dem betroffenen Menschen aber lange unbemerkt bleiben. Burnout erhält sich wegen

---

[9] Vgl. Freudenberger, H./ North, G. (1992), S. 51
[10] Vgl. Maslach, C./ Jackson, S. E. (1981), S. 32
[11] Vgl. http://www.dimdi.de/static/de/klassi/icd-10-gm/index.htm

ungünstiger Bewältigungsstrategien, die mit dem Syndrom zusammenhängen, oft selbst aufrecht."[12]

- „Ein Zustand physischer, emotionaler und mentaler Erschöpfung aufgrund lang anhaltender Einbindung in emotionale belastende Situationen."[13]
- „Ein Zustand der Ermüdung oder Frustration, herbeigeführt durch eine Sache, einen Lebensstil oder eine Beziehung, die nicht die erwartete Belohnung mit sich brachte."[14]
- „Burnout ist ein Prozess, in dem sich ein ursprünglich engagierter Mitarbeiter von seiner Arbeit zurückzieht, als Reaktion auf Beanspruchung und Belastung im Beruf."[15]

Alle angeführten Beschreibungen spiegeln die unterschiedlichen Aspekte der Erkrankung wieder, die aus einer komplexen Umwelt und ungünstigen Bewältigungsstrategien bestehen. Die individuellen Bedingungen, die eine Entwicklung des Burnout-Syndroms begünstigen können, sind genauso komplex wie die Einflussfaktoren des Arbeitsplatzes. Individuum und Umwelt hängen zusammen und bedingen sich gegenseitig. So gestaltet das Individuum in einem gewissen Maße seine Umgebung, andererseits prägt die Umwelt das Individuum, so dass Burnout oft als eine gestörte „Umwelt-Mensch-Passung" dargestellt wird.[16] Kurz und prägnant benennt Bakker das Burnout-Syndrom als Ungleichgewicht zwischen Anforderungen und Ressourcen.[17] Anforderungen verbrauchen Energie und können beispielsweise emotionale, körperliche Belastungen sein, aber auch komplexe intellektuelle Herausforderungen oder Zeitdruck. Die Ressourcen sind die Energiequellen, die aus Erfolgserlebnissen und Wertschätzung, sowie positivem Feedback bestehen. Weitere Ressourcen sind Gestaltungsfreiräume und gute soziale Beziehungen. Zur Erklärung des Burnout-Syndroms wird das Konzept des Ungleichgewichts zwischen Ressourcen und Anforderungen vor allem in Unternehmen verwendet.[18] Gerät die Balance zwischen Ressourcen und Anforderungen aus dem Gleichgewicht, können sich körperliche, emotionale und geistige Erschöpfungszustände einstellen. Es besteht akute Burnout-Gefährdung.

---

[12] Vgl. Schaufeli, W. B./ Enzmann, D. (1998), S. 36
[13] Vgl. Pines, A./ Aronson, E. (1988), S. 6
[14] Vgl. Freudenberger, H./ Richelson, G. (1980), S. 13
[15] Vgl. Cherniss, C. (1980), S. 10
[16] Vgl. Aronson, E. et al. (1983), S. 74
[17] Vgl. Bakker, A. (2007), S. 325
[18] Vgl. Siegrist, J. et al. (2004), S. 1493

Der Burnout-Prozess gestaltet sich individuell und bleibt über lange Zeit unbemerkt. Abgrenzungen sind schwierig, besonders zu Mobbing und Stress. Zur Messung des Burnouts hat sich das Testverfahren MBI von Maslach und Jackson als besonders praktikabel erwiesen.[19] Das Testverfahren berücksichtigt die Ursachen des Burnouts, die äußeren Bedingungen des Arbeitsplatzes und Beschäftigungsverhältnisses und die inneren, mentalen Voraussetzungen des Mitarbeiters.

2.2 Symptomatik im Verlauf des Burnout-Syndroms

Jeder Mensch erlebt und bringt auf individuelle Weise seine Burnout-Erkrankung zum Ausdruck,[20] dennoch finden sich charakteristische Symptome. Bei einem Burnout-Syndrom treten verschiedene Symptome gemeinsam oder in zeitlicher Abfolge mit gegenseitiger Abhängigkeit auf. Der Verlauf und die damit einhergehenden Symptome einer Burnout-Erkrankung werden in der Literatur je nach Autor in unterschiedliche Phasen eingeteilt. Für die verschiedenen Versuche der Typisierung erhebt jeder Autor andere Daten und Informationen. Die Abgrenzung der einzelnen Phasen ist in der Literatur so unterschiedlich wie das jeweils untersuchte Probandenkollektiv. Während Freudenberger[21] und Lauerdale[22] überwiegend bzw. ausschließlich Beschäftigte aus der Wirtschaft untersuchten, untersuchten Edelwich,[23] Pines[24] und Cherniss[25] nur professionelle Helfer.

Alle Symptome lassen sich den drei Kategorien zuordnen:

- Emotionale und physische Erschöpfung,
- Depersonalisierung und
- Leistungsabfall.

---

[19] Vgl. Maslach, C./ Jackson, S. E. (1981), S. 155
[20] Vgl. Jacob, K. (2006), S. 15
[21] Vgl. Freudenberger, H./ Richelson, G. (1983), S. 63
[22] Vgl. Lauerdale, M. (1982), S. 162
[23] Vgl. Edelwich, J./ Brodsky, A. (1980), S. 566
[24] Vgl. Pines, A./ Maslach, C. (1978), S. 234
[25] Vgl. Cherniss, C. (1980), S. 146

Der Verlauf eines Burnout-Syndroms ist in den meisten Fällen, von außen beobachtet, ein schleichend einsetzender und langwieriger Prozess.[26] Eine anerkannte Klassifizierung des Verlaufs ist die detaillierte Unterteilung von Herbert Freudenberger und Gail North in zwölf Phasen.[27]

1. Überhöhter Energieeinsatz, Erholungsunfähigkeit durch Nicht-Abschalten-Können
2. Extremes Leistungsstreben, um besonders hohe Erwartungen erfüllen zu können
3. Vernachlässigung persönlicher Bedürfnisse und sozialer Kontakte
4. Überspielen oder Übergehen innerer Probleme und Konflikte
5. Zweifel am eigenen Wertesystem
6. Verleumdung entstehender Probleme, Geringschätzung anderer Personen
7. Rückzug und Meidung sozialer Kontakte bis auf ein Minimum
8. Offensichtliche Verhaltensänderungen, innerer Rückzug
9. Depersonalisierung durch Kontaktverlust zu sich selbst und zu anderen Personen
10. Innere Leere
11. Depression

Am Anfang sind die Symptome nur schwer dem Burnout-Syndrom zuzurechnen. Ein überhöhter Einsatz zur Zielerreichung muss nicht zwangsläufig der Beginn eines Burnouts sein. Erst wenn das übersteigerte Engagement mit in die Freizeit genommen wird und ein Abschalten und Entspannen nicht mehr möglich ist, ergeben sich Hinweise auf die mögliche Entwicklung eines Burnout-Syndroms. Ärztlich ausgeschlossen werden sollten schwerwiegende körperliche und psychische Erkrankungen, wie beispielsweise eine Schilddrüsenfunktionsstörung oder eine Depression. Vor jeder Behandlung sollte eine kompetente Diagnostik bei einem Psychiater oder Neurologen stehen. Ein frühzeitiges Erkennen eines Burnout-Syndroms kann Mitarbeiter und Arbeitgeber vor lang andauernder Arbeitsunfähigkeit und Arbeitsausfall schützen. Unabhängig vom Stadium der Erkrankung können die auftretenden Symptome einen dramatischen Einbruch der Leistungsfähigkeit bewirken.

[26] Vgl. Savicki, V./ Cooley, E. J. (1983), S. 236
[27] Vgl. Freudenberger, H./ North, G. (1992), S. 514

In der Anfangsphase sind überhöhte Ansprüche und ein Überengagement oder auch Überaktivität auffällig, die mit der Arbeit verbunden sind, und für die sich mit Nachdruck eingesetzt wird. Zur Erreichung der Ziele werden private Bedürfnisse und soziale Kontakte eingeschränkt. Die daraus resultierenden Probleme werden übergangen oder überspielt, das Ziel und die Zielerreichung stehen ganz im Fokus der Aktivität. Kann das ersehnte Ziel nicht erreicht werden, können dafür sogar die bisherigen eigenen Werte in Zweifel gezogen werden. Ehemals wichtige Dinge verlieren an Stellenwert, zum Beispiel werden Freizeitaktivitäten und Hobbys vernachlässigt oder ganz aufgegeben, um dadurch noch mehr Energie aufwenden zu können und das Ziel doch noch zu erreichen. Die daraus entstehenden Probleme werden weiterhin ignoriert. Sollte dann der vermehrte Einsatz erfolglos bleiben, kommt es zum subjektiven Empfinden von Hilflosigkeit. Es stellt sich für den Betreffenden die Frage, ob sich der hohe Einsatz, meist unter Vernachlässigung von Familienleben, Freundschaften und Freizeit, gelohnt hat. Diese Sinnkrise macht die Arbeit mühsam. Was bisher durch die Aussicht auf weitere Aufstiegschancen, bessere Verdienstmöglichkeiten und steigendes Sozialprestige mit Leichtigkeit gelang, erscheint durch den fehlenden Sinn als kräftezehrend und beschwerlich. Die berufliche Tätigkeit ist nur noch unter großen Anstrengungen auszuüben. Die Enttäuschung schlägt in Abbau von Engagement und Leistung um. Dem sozialen Umfeld, Kollegen und allgemein anderen Personen wird ironisch begegnet. Soziale Kontakte können bei der Entwicklung einer Depression in diesem Stadium des Burnouts völlig eingestellt werden.

Die Überprüfung des angestrebten Ziels und eine Analyse für die Gründe des Scheiterns erfolgen nicht konstruktiv, sondern je nach individueller Verfassung findet eine Schuldzuweisung statt. Die Schuld wird bei sich selbst gesucht. Auch wenn der Betroffene meint, an äußeren Umständen gescheitert zu sein, fühlen sich Burnout-gefährdete Personen dennoch hilflos dabei, die Situation zu ändern. Wurde die Situation der verfehlten Zielerreichung öfter erlebt, kann sich zusätzlich das Gefühl der Unfähigkeit einstellen, die Situation kontrollieren zu können. Hinzukommen kann das Gefühl der Wertlosigkeit. Die Suche nach alternativen Lösungsmöglichkeiten entfällt. Aus den gleichen Gründen findet meistens kein Aufbegehren statt. Auflehnung wird als sinnlos empfunden, weil die Situation als selbst verschuldet und als nicht änderbar erscheint. Daher wird selten als Konsequenz zur Lösung des Problems zum Beispiel ein Arbeitsplatzwechsel angestrebt. Sollte doch ein Arbeitsplatzwechsel geplant werden, der sich möglicherweise nicht sofort realisieren lässt, kann der Kreislauf der Schuldfrage erneut beginnen. Wiederholt wird Selbstverschulden und Frustration erlebt, die Situation nicht kontrollieren zu können. Jede neue Veränderung im Umfeld schürt nun die Angst vor weiteren unkontrollierbaren Situationen und weckt dadurch den Widerstand gegen Veränderungen.

Das Denken des Betroffenen kann durch den Umgang mit dem Erlebten immer undifferenzierter werden, ein Denken in „Schwarz und Weiß" tritt auf. Genauso wie das Denken verliert das Gefühlsleben an Vielfalt, auch hier wird in Extremen gefühlt. Die Folge kann eine einsetzende Depersonalisierung sein, bei der die betreffende Person keinen oder nur einen eingeschränkten und verzerrten Zugang zu ihren Gefühlen und sinnlichen Wahrnehmungen sowie zu ihrem Körper und ihren Handlungen hat. Ist der Prozess bis hier fortgeschritten, hat sich die Erschöpfung in viele Lebensbereiche ausgebreitet: vom Beruf bis ins Privatleben. Soziale Kontakte außerhalb des Berufes werden vernachlässigt, sie werden sowohl zeitlich als auch emotional als zu aufwendig angesehen. Der Zustand kann sich durch die empfundene innere Leere und Perspektivlosigkeit über psychosomatische und körperliche Beschwerden zur Verzweiflung und bis zum Suizid steigern. Jedoch kann durch innere und äußere Veränderungen der Prozess des Burnouts zu jedem Zeitpunkt gestoppt werden.

2.3 Ursachen des Burnout-Syndroms

Die Ursachen für die Entwicklung eines Burnout-Syndroms sind vielfältig und individuell. Zu beobachten ist ein Wandel der Bedingungen am Arbeitsplatz, der Arbeitsstrukturen und der Einstellung zur Arbeit an sich.[28] Darüber hinaus tragen individuelle Voraussetzungen entscheidend zur Entwicklung eines Burnout-Syndroms bei, die im Folgenden näher erläutert werden.

2.3.1 Arbeitsplatzbedingungen und Arbeitsstrukturen

Grundlegende Ursachen für Burnout stellen permanenter Stress und unpassend verarbeiteter Stress dar. Stress wird unterschiedlich verursacht und individuell empfunden. Allge-

---

[28] Vgl. Flaßpöhler, S. (2011), S. 36

mein wird Stress ausgelöst, wenn qualitativ und quantitativ mehr verlangt wird, als in der verfügbaren Zeit machbar ist. Dauerhaft anhaltender Stress kann gesundheitliche Schädigungen hervorrufen. Werden stressige Phasen nicht von nötigen Erholungszeiten abgelöst, besteht eine erhöhte Burnout-Gefährdung. Besonders dann, wenn die Belastungen in die Freizeit mitgenommen werden und kein Abschalten möglich ist, unabhängig davon, ob das Ziel selbst gesteckt oder vorgegeben wurde. Grundlegende Voraussetzungen für einen gesunden Arbeitsplatz sind daher klar definierte Aufgaben, Ziele und Leistungserwartungen, die dem Zeitkontingent und den Kompetenzen des Mitarbeiters entsprechen.[29] Unter diesen Voraussetzungen lassen sich auch stressige Phasen meistern. Dagegen verstärkt eine hohe Arbeitsbelastung gekoppelt mit wenig Entscheidungsspielraum die Entwicklung eines Burnout-Syndroms. Auch hohe bürokratische Hürden schränken den Entscheidungsspielraum ein. Sie stärken das Ohnmachtserleben und verhindern das Gefühl der Selbstwirksamkeit.

Konstruktive Kritik vom Vorgesetzten sowie von Kollegen kann zum Aufbau einer realistischen Einschätzung der eigenen Leistungsfähigkeit des Mitarbeiters beitragen.[30] Vorgesetzte können mit Rat, Hilfestellung und Wertschätzung sowie Belohnung bei Zielerreichung aktiv zur Burnout-Prävention beitragen oder eben auch nicht. Es steht fest: Die Qualität der Führung korreliert mit der Burnout-Gefährdung.[31]

Vor allem Führungspositionen fordern zu beruflichem Überengagement heraus. Manager, Führungskräfte, leitende Angestellte, Freiberufliche und Selbstständige sind besonders durch das Burnout-Syndrom gefährdet. Anreize sind weitere Aufstiegschancen, gute Verdienstmöglichkeiten und hohes Sozialprestige. Der Erfolgszwang stellt hier durch komplexe und schwer überschaubare oder unklar definierte Situationen eine Burnout-Gefährdung dar. Bei der Zusammenarbeit im Team können ebenfalls fehlende oder unklare Aufgabenzuweisungen und Abgrenzungen eine erfolgreiche und gesunde Zusammenarbeit verhindern. Für die Teamarbeit ist gegenseitige Wertschätzung und Unterstützung un-

---

[29] Vgl. Johansen, B. (2009), S. 552
[30] Vgl. Awal, D. (2010), S. 235
[31] Vgl. Maslach, C. (1982), S. 45 ff.

abdingbar.[32] Die Art des kollegialen Klimas ist von weiteren Faktoren abhängig. Rivalitäten und Spannungen im Team entstehen, wenn knappe Ressourcen als ungerecht verteilt empfunden werden oder für den Aufstiegsbegierigen nur wenige Aufstiegschancen offen stehen. Im Gegensatz dazu können Kollegen emotionale und strategische Rückendeckung bieten. Kollegen können Informationen, Rat und Feedback liefern und sie können eine Quelle intellektueller Anregungen darstellen sowie Unterstützung bei der Einschätzung der eigenen Leistungsfähigkeit bieten.[33] Die Unsicherheit des Arbeitsplatzes fördert den Konkurrenzkampf und die Tendenz zur Isolation statt den kollegialen Austausch. Fehlen die positiven Voraussetzungen durch die Führung und das Team, steigert sich die Arbeitsunzufriedenheit. In leichteren Fällen kann ein Arbeitsplatzwechsel hilfreich sein, ansonsten begünstigt diese Situation die Entstehung eines Burnout-Syndroms.

Eine weitere Quelle für erhöhten Stress und Arbeitsüberlastung stellt die Werteorientierung des Unternehmens dar. Six Sigma und die Null-Fehler-Kultur sind Methoden für Qualitätsmanagement, die für höchste Qualitätsstandards und operative Exzellenz stehen.[34] Eine überhöhte Null-Fehler-Kultur führt letztendlich dazu, dass Veränderungsbewusstsein und Eigeninitiative blockiert werden. Die Veranlagung zum Perfektionismus wird verstärkt. Aus Angst vor Fehlern werden Mitarbeiter routiniertes Handeln vorziehen. Für eine betriebliche Werteorientierung, die auf Innovation und Entfaltung der Mitarbeiter ausgerichtet ist, sind Fehler unverzichtbar.[35] Sie sind eine Chance für Verbesserungen und Ansatzpunkte für Entwicklungs- und Innovationsprozesse. Die Werteorientierung eines Betriebes sollte insbesondere hinsichtlich einer Burnout-Prophylaxe die Förderung der Mitarbeiter beinhalten. Mitarbeiter sollten einen ihren Fähigkeiten und Qualifikationen entsprechenden Arbeitsplatz zugewiesen bekommen, bei dem sie diese durch angemessene Herausforderungen weiterentwickeln können.

---

[32] Vgl. Maslach, C. (1982), S. 41
[33] Vgl. Greif, S. et al. (1991), S. 147
[34] Vgl. Töpfer, A. (2007), S. 32
[35] Vgl. Hamel, G. (2008), S. 217

Zusammenfassend lassen sich folgende Ursachen aus dem betrieblichen Umfeld identifizieren.[36]

- Quantitative Arbeitsbelastung
- Eindeutigkeit der Arbeitsziele
- Intellektuelle Anregung
- Ausmaß an bürokratischer Kontrolle
- Führung
- Verhältnis zu Kollegen

Beschäftigungsverhältnisse sind heute der Flexibilität und Mobilität unterworfen. Zum Teil entsprechen die flexiblen Arbeitszeiten und -orte den Bedürfnissen der Arbeitnehmer.[37] Zugleich wird dadurch das Gefühl verstärkt, ständig erreichbar sein zu müssen. Die Freiheit eines individuell gestaltbaren Arbeitsplatzes ist eine Herausforderung, da eine persönliche Entscheidung gefordert wird, beispielsweise wann und wo gearbeitet wird. Die Entscheidungsfindung erfordert ständige Aufmerksamkeit. Das kann zu Überforderung und zu Ängsten führen, die auf Dauer ermüden und erschöpfen. Das Gefühl, den Anforderungen nicht gewachsen zu sein, kann Aggressionen erzeugen.

Außerdem werden die Wege zum Arbeitsplatz immer länger. Darunter leidet der Erholungswert der Freizeit ebenso wie die familiären und sozialen Bindungen.[38] Die Resultate sind zunehmende gesellschaftliche Isolation und eventuell Gefühle von Überlastung und Ausgebranntsein. Zudem begünstigen die heutzutage üblichen befristeten Arbeitsverträge das Überengagement und die überhöhten Ansprüche von Burnout-gefährdeten Personen.

2.3.2 Individuelle Voraussetzungen

Nicht nur die genannten äußeren, betrieblich bedingten Faktoren sind entscheidend für die Entwicklung eines Burnout-Syndroms. Die inneren, individuellen Persönlichkeitsstrukturen tragen im gleichen Maße zu der Erkrankung bei.

[36] Vgl. Cherniss, C. (1999), S. 28
[37] Vgl. Badura, B. (2012), S. 32
[38] Vgl. Lohmann-Haislah, A. (2013), S. 51

Allgemein haben sich die gesellschaftliche Einstellung zur beruflichen Tätigkeit und der Stellenwert der Arbeit für das einzelne Individuum gewandelt. Das Sprichwort „Ich arbeite, also bin ich" drückt die Haltung zur Erwerbstätigkeit treffend aus. Die Erwerbstätigkeit dient nicht bloß der Sicherung des existentiellen Lebensunterhaltes, vielmehr trägt sie zu einem großen Teil zur Selbstverwirklichung bei. Der Stellenwert von Arbeit in unserer Gesellschaft beschränkt sich nicht auf die Erfüllung von Konsumwünschen, sondern hat sich um Aspekte von Sinn- und Identitätsstiftung erweitert. Arbeit erfüllt heute vielfältige Aufgaben und wird mit Sinnhaftigkeit aufgeladen. Das Scheitern kann fatale Folgen haben. Kann die Arbeit die hohen Erwartungen des Arbeitnehmers nicht erfüllen, sind Leistungsabfall, psychische Erkrankungen und Burnout die Folgen.[39]

Ausgelöst wird eine starke Identifikation mit der ausgeübten Tätigkeit durch „unser Bedürfnis, zu glauben, dass unser Leben sinnvoll ist, dass Dinge, die wir tun – und also wir selbst – von Nutzen und wertvoll sind."[40] Eine erfolgreiche Selbstverwirklichung über die berufliche Tätigkeit stärkt das Selbstbewusstsein und die Arbeitszufriedenheit. Umgekehrt lässt sich schlussfolgern, dass das Scheitern des unermüdlichen Arbeitseinsatzes für hochgesteckte Ziele das Selbstwertgefühl schwächt und die Selbstzweifel stärkt.[41] Das Selbstwertgefühl entsteht aus der Meinung, die ein Mensch von sich selbst hat. Es basiert auf Erfahrungen von Erfolgen und Misserfolgen aus der Vergangenheit. Unabhängig, wie stark das Selbstwertgefühl ausgeprägt ist, kann Burnout jeden gefährden. Das Selbstwertgefühl bestimmt unser Denken und Handeln. Krisen und Selbstkritik sind zur Korrektur unseres Handelns sinnvoll.[42] Bei Burnout-gefährdeten Personen wird Selbstkritik an den eigenen Fähigkeiten geübt. Das löst destruktive Selbstzweifel aus oder verstärkt vorhandene, führt jedoch nicht zu einer Handlungskorrektur.

Der Hang zum Perfektionismus und ein übersteigertes Pflichtgefühl sowie die daraus resultierende ständige Bereitschaft, Verantwortung zu übernehmen, begünstigen die Entwicklung eines Burnouts. Es besteht die Gefahr, die innere Balance von Anforderungen und Ressourcen zu verlieren.

[39] Vgl. Klinger, E. (1998), S. 44
[40] Vgl. Pines, A. (1993), S. 33
[41] Vgl. Freudenberger, H./ Richelson, G. (1983), S. 125
[42] Vgl. Burisch, M. (2010), S. 132

Ein spezifisches Burnout-Charakteristikum ist die Erholungsunfähigkeit und die Vernachlässigung von privaten Interessen zugunsten des Einsatzes für die beruflich hochgesteckten Ziele.

Des Weiteren gehört ab einem gewissen Stadium zu den Burnout beschleunigenden Eigenschaften die Unfähigkeit Kompromisse eingehen zu können. Kompromisse fordern heraus, bestehende Wertungen und Gewichtungen neu zu überdenken. Für Burnout-gefährdete Personen wäre es sinnvoll, die hochgesteckten, möglicherweise unrealistischen und nicht realisierbaren Ziele zu überdenken. Ab einem fortgeschrittenen Stadium ist dies für den Betroffenen nicht mehr möglich.[43]

Weiter ist zu beobachten, dass Leistungsfähigkeit nicht vor Burnout schützt, da Burnout-gefährdete Personen Grenzgänger sind, die laufend die Erwartung an die eigene Leistung erhöhen.

Vor allem der individuelle Umgang mit Stress ist bei der Entwicklung eines Burnout-Syndroms entscheidend.[44] Stress wird individuell empfunden. Für Burnout-gefährdete Personen stellt die subjektiv empfundene Situation eine Bedrohung dar, die Stress erzeugt. Die Situation kann trotz des erhöhten Arbeitseinsatzes und Engagements nicht verändert, kontrolliert und zum Erfolg geführt werden. Oft stellt sich zusätzlich das Gefühl der Hilflosigkeit und des Ausgeliefertseins ein.[45] In solchen Situationen Hilfe anzufordern und anzunehmen, käme einer Kapitulation gleich, da es für die betreffende Person alles bedeutet, selbstständig und aus eigener Kraft mit der Situation fertig zu werden bzw. den Anforderungen gewachsen zu sein. Auf solche unkontrollierbaren Situationen wird mit typischen physiologischen und psychologischen Stresssymptomen reagiert.[46]

Burnout-Betroffene scheitern häufiger bei der konstruktiven Bewältigung und erleben subjektiv öfter und nachhaltiger gestörte Handlungsepisoden. Wie stark auf den daraus resultierenden Stress physiologisch und mental reagiert wird, ist abhängig von der Situation und

---

[43] Vgl. Burisch, M. (2010), S. 62
[44] Vgl. Lazarus, A. A./ Lazarus, C. N. (2011), S. 139 f.
[45] Vgl. Leidenfrost, J. (2006), S. 37
[46] Vgl. Burisch, M. (2010), S. 120 ff.

dem Gefühl der Einbuße der Kontrolle. Stellen sich körperliche Symptome ein, ist immer ein Arzt zu Rate zu ziehen, um ernsthafte Krankheiten auszuschließen. Eine eindeutig feststellbare Leistungsminderung stellt ein Indiz dar, dem nachgegangen werden sollte.[47]

Der Grundkonflikt, der einem Burnout-Syndrom zugrunde liegt, setzt sich aus unzureichend verarbeiteten, enttäuschten oder mehrfach enttäuschten Erwartungen zusammen. Die Enttäuschung wird als Misserfolg bewertet und nicht als Lernerfahrung.[48] Es findet keine konstruktive Bewältigung von veränderten Lebensbedingungen, sondern eine Eskalation der Frustration statt. Jedoch wird trotz pessimistischer Einschätzung der eigenen Situation der Arbeitsplatz nicht verlassen, oft weil eine für das Burnout typische emotionale und physische Erschöpfung eingetreten ist. Zielvereitelung ist immer möglich, genauso wie eine unzulängliche Belohnung bei Erreichen des Ziels. Daher ist die Frage des Umganges damit ebenso wesentlich wie die Frage nach dem Umgang mit Stress.

Beide Komponenten, die persönlichen Voraussetzungen und die äußeren Umweltbedingungen, müssen zusammentreffen. Einzeln genommen sind sie notwendig, aber nicht hinreichend zur Entwicklung eines Burnout-Syndroms. Liegen beide Komponenten vor, kann von einer Burnout-Gefährdung ausgegangen werden, die Entwicklung eines Syndroms ist jedoch nicht zwangsläufig.

Der Burnout Inventory von Maslach (1981) hat sich zur Messung des Burnout-Syndroms als besonders praktikabel erwiesen, da die oben genannten inneren und äußeren Faktoren berücksichtigt werden.[49]

2.4 Präventionsangebote

2.4.1 Arbeitsschutz und Betriebliche Gesundheitsförderung

Arbeitsschutz ist in Deutschland im Arbeitsschutzgesetz (ArbSchG) geregelt.[50] Demnach ist der Arbeitgeber verpflichtet, die Sicherheit und Gesundheit der Beschäftigten bei der Arbeit

---

[47] Vgl. Leppin, A. (2006), S. 342
[48] Vgl. Burisch, M. (2010), S. 176
[49] Vgl. Maslach, C. (1981), S. 232
[50] Vgl. http://www.gesetze-im-internet.de/bundesrecht/arbschg/gesamt.pdf

zu schützen. Einen wesentlichen Teil bilden die Vorschriften zur Verhütung von Betriebsunfällen. Darüber hinaus gibt es Regelungen zu Arbeitszeiten und zum Arbeitsvertragsrecht. Krankenkassen sind sozialrechtlich zur Prävention und betrieblichen Gesundheitsförderung (BGF) in § 20a Abs.1 Satz 1 SGB V aufgerufen.[51] Die gesetzlichen Krankenkassen unterliegen damit der Pflicht, Leistungen zur Gesundheitsförderung in Betrieben zu erbringen. Unter betrieblicher Gesundheitsförderung werden über die Zusammenarbeit von Krankenkassen und Unfallverbänden hinaus, alle gemeinsamen Maßnahmen zur Verbesserung von Wohlbefinden und Gesundheit am Arbeitsplatz verstanden. Die BGF umfasst ebenfalls Maßnahmen der Gesellschaft, der Arbeitgeber und Arbeitnehmer.[52] In Unternehmen ist das Gesundheitsmanagement verantwortlich für die Umsetzung der Gesundheitsförderung mit dem Ziel gesundheitliche Risiken zu reduzieren, gesundheitsförderliche Rahmenbedingungen zu schaffen und die individuellen Gesundheitskompetenzen zu stärken.[53] Für das Gesundheitsmanagement stehen darüber hinaus die Reduzierung von Fehlzeiten und Krankheitskosten im Fokus. Eine Steigerung der Produktivität wird zugleich über eine höhere Arbeitszufriedenheit angestrebt. Von übergeordneter Bedeutung ist die Erhaltung der Leistungsfähigkeit aller Mitarbeiter,[54] die nicht nur in der Eigenverantwortung liegt, sondern auch durch Führung, Organisationsstrukturen und Unternehmenskultur beeinflusst wird.

2.4.2 Bestehende Angebote zur Burnout-Prävention

Krankenkassen unterstützen das Gesundheitsmanagement von Unternehmen durch kostenfreie Präventionsangebote, angeboten werden Informations- und Aufklärungsangebote zu bestimmten Themen rund um das Burnout-Syndrom:

- Vorträge, Impulsreferate
- Organisation und Durchführung von Gesundheitstagen, Wissensvermittlung über Burnout und Checklisten zur eigenen Burnout-Gefährdung
- Entwicklung von Leitsätzen

---

[51] Vgl. http://dejure.org/gesetze/SGB_V/20a.html
[52] Vgl. www.netzwerk-unternehmen-fuer-gesundheit.de
[53] Vgl. Blume, A. (2010), S. 282
[54] Vgl. Walter, U. (2010), S. 149

Im Angebot befinden sich auch Trainingskurse zur Gesundheitsförderung:

- Stressmanagement
- Achtsamkeitskurse zur Bewusstwerdung und zum Abbau von Stress
- Zeit-/Ressourcenmanagementtraining
- Work-Life-Balance Training
- Allgemeine Entspannungskurse
- Spezielle Entspannungskurse (Yoga, Tai-Chi, Qigong, Progressive Muskelentspannung, Autogenes Training, Achtsamkeitskurse, etc.)

Betriebliche Gesundheitsförderung unterscheidet zwischen verhaltens- als auch verhältnisorientierte Maßnahmen.

- Verhältnisorientierte Prävention

  Die Maßnahmen dienen der Optimierung der Arbeitsorganisation und Arbeitsumgebung. Die Gestaltung eines humanen Arbeitsplatzes ist eine wesentliche Voraussetzung zur Erhaltung der Leistungsfähigkeit, zum Erhalt sowie der Förderung von Gesundheit und des psychischen Wohlbefindens. Es gilt die positive Wirkung zu maximieren und die negativen Folgen von Arbeit zu minimieren, zum Beispiel durch einen ergonomischen Arbeitsplatz.

Im beruflichen Umfeld gibt das Arbeitsschutzgesetz der Verhältnisprävention den Vorrang. Arbeitgeber werden durch die Vorschriften des Arbeitsschutzgesetzes verpflichtet, die Verhältnisprävention sicherzustellen. Die mit dem Arbeitsplatz verbundenen Belastungen dürfen keine gesundheitsschädlichen Fehlbelastungen sein.

- Verhaltensprävention

  Verhaltenspräventive Maßnahmen sind Interventionen zur Förderung von gesundheitsbewussten Verhalten der Mitarbeiter. Der Betrieb vermittelt geeignete Präventionstechniken an einzelne Fach- und Führungskräfte durch Angebote, beispielsweise Entspannungs- und Fitnesstraining.

Im Arbeitsschutzgesetz werden individuelle Schutzmaßnahmen als nachrangig zu den verhältnisorientierten Maßnahmen angesehen.[55]

Die speziell auf den einzelnen Mitarbeiter ausgerichteten Maßnahmen der Verhaltensprävention sind meist nur in Kombination mit einer Verbesserung der organisationsbedingten Ursachen für Burnout erfolgreich, zum Beispiel der Verbesserung der Unternehmenskultur oder des Führungsstils.[56]

Führungskräfte sind genauso Adressaten betrieblicher Gesundheitsförderung wie auch Akteure derselben. Zu ihrem Verantwortungsbereich für das Unternehmen gehört der Einfluss auf die Gesundheit der Mitarbeiter, da sie die Unternehmenskultur prägen und die Rahmenbedingungen für die Arbeitsstrukturen festlegen.[57] Sozialunterstützendes Führungsverhalten hat wesentlichen Einfluss auf die Erschöpfung von Mitarbeitern und die Anzahl der Krankheitstage.[58,59] Für eine gesundheitswirksame Führungsmethode benötigen Führungskräfte Unterstützung, die über die Angebote der Krankenkassen hinausgehen, besonders bei der Integration neuer Verhaltensweisen.

Betrieben stehen zusätzlich Angebote, so genanntes Coaching oder firmeninternes Einzeltraining von privaten Anbietern zur Verfügung. Die Bezeichnung „Coach" ist nicht geschützt, es bestehen keine staatlich anerkannten Ausbildungen oder wissenschaftlich fundierte Qualitätsstandards.

---

[55] Vgl. Arbeitsschutzgesetz § 4
[56] Vgl. Maslach, C./ Leiter, M. P. (2001), S. 52
[57] Vgl. Badura, B. et al (2010), S. 52 ff.
[58] Vgl. Knapp, K. (2011), S. 34 ff.
[59] Vgl. Kuoppola, J. et al. (2008), S. 904 ff.

3. Theoretische Grundlagen II *„Künstlerische Therapien"*

3.1 Überblick über künstlerische Therapien

Künstlerische Therapien sind eine praxisorientierte Wissenschaftsdisziplin, die auf natur- und sozialwissenschaftlichen, medizinischen und psychologischen Erkenntnissen und Methoden basieren. Künstlerische Therapien arbeiten mit unterschiedlichen künstlerischen Medien. Die Kunsttherapie bedient sich der grafischen, malerischen und plastischen Medien für eine Gestaltung. Audio- und visuelle Medien können ebenso zur Gestaltung herangezogen werden. In der Musiktherapie stehen Musik- und Rhythmusinstrumente zur Improvisation zur Verfügung. Hauptsächlich werden die Orffschen Instrumente verwendet.[60] Zusätzlich kann mit der Stimme gearbeitet werden. In der Theatertherapie werden der Körper und diverse Requisiten zur Inszenierung verwendet.

Bei allen künstlerischen Therapien steht der Klient im Mittelpunkt, der sich in den verschiedenen Medien ausdrückt. Ausdruck finden die individuellen Bedürfnisse, Wünsche, Sehnsüchte, aktuelle Stimmungen oder Themen, die vom Therapeuten gestellt werden. Eine Aktivierung des kreativen Potentials findet dabei nicht nur durch den aktiven künstlerischen Umgang mit den Medien statt, sondern auch bei einer passiv rezeptiven Aufnahme künstlerischer Gestaltungen. In der aktiven künstlerischen Gestaltung können sich unbewusste und bewusste Anteile ausdrücken. So eröffnet der Gestaltungsprozess die Möglichkeit etwas über sich zu erfahren. Gleichzeitig werden dadurch die Möglichkeiten für Veränderungen im Werk sichtbar.[61] Künstlerische Therapien unterscheiden sich von anderen Therapieformen dadurch, dass zu der Beziehung Patient-Therapeut ein Drittes hinzutritt: das künstlerische Medium.[62] Der künstlerische Gestaltungsprozess bietet einen Erfahrungsraum, in dem der Gestaltende etwas über sich und seine Sichtweise erfahren kann. Die Gestaltungen sind „Orte", an denen Erfahrungen über die eigene Identität und Geschichte gewonnen werden können.[63] Mit den künstlerischen Medien können innere Bilder und Inszenierungen ausgedrückt werden. Eine Brücke zwischen Innen- und Außenwelt entsteht durch die Gestaltung eines „begreifbaren" Gegenübers, das einer Reflexion und Bearbeitung zugänglich ist. In der

[60] Vgl. Neuwirth, S. (2008), S. 345
[61] Vgl. Wichelhaus, B. (1996), S. 143 f.
[62] Vgl. Sinapius, P. (2010), S. 102
[63] Vgl. Hüther, G. (2006), S. 45

sich an den Gestaltungsprozess anschließenden Reflexion eröffnet sich die Möglichkeit, das Werk aus der Distanz und unterschiedlichen Perspektiven zusammen mit dem Therapeuten und der Gruppe zu betrachten. Gemeinsam können die dargestellten bewussten oder unbewussten Zusammenhänge, Erkenntnisse und die Ressourcen aufgespürt werden.[64] Hierin liegt die Handlung verändernde Kraft der künstlerischen Therapien. Künstlerische Therapien tragen zur Bewusstwerdung und Bearbeitung von Konflikten bei. Dadurch können neue heilsame Veränderungen entwickelt werden. Der künstlerisch Darstellende begibt sich auf die Suche nach den individuellen Ressourcen. Diese Ressourcen bieten eine Quelle aus der nicht nur kurativ, sondern auch präventiv geschöpft werden kann.[65] Künstlerische Begabungen oder Vorkenntnisse sind nicht für eine Teilnahme an künstlerischen Therapien erforderlich.

Künstlerische Therapien gehören nicht zu den Regelleistungen der Krankenkassen in Deutschland, einzige Ausnahme bildet die anthroposophische Kunsttherapie. Seit 2006 zählt die anthroposophische Kunsttherapie (BVAKT)® zu den Leistungen der Verträge zur integrierten Versorgung mit anthroposophischer Medizin nach SGB V.[66]

3.1.1 Musiktherapie

In der Musiktherapie dient der gezielte Einsatz des Mediums Musik im Rahmen der therapeutischen Beziehung zur Wiederherstellung, Erhaltung und Förderung seelischer, körperlicher und geistiger Gesundheit. Die rezeptive Aufnahme von Musik, also das Hören von Musik, wird hauptsächlich bei Patienten eingesetzt, die körperlich nicht in der Lage sind selbst aktiv zu musizieren. Der musikalische Ausdruck mit einem Instrument kann durch den Einsatz der Stimme in Form von Gesang erweitert werden. Die Auswahl des Instruments findet in Absprache mit dem Therapeuten statt. Musikalische Vorkenntnisse des Patienten sind nicht nötig, da die Musiktherapie keinerlei Ansprüche an die Fähigkeiten oder Virtuosität des Patienten stellt.

Musik ist vom Menschen gestalteter Schall. Als akustisches, zeitstrukturierendes Geschehen ist sie Artikulation menschlichen Erlebens mit Ausdrucks- und Kommunikationsfunktion.

---

[64] Vgl. Volkamer, K. et al. (1991), S. 171
[65] Vgl. Klorer, P. (2005), S. 215
[66] Vgl. http://www.gesetze-im-internet.de/sgb_5/__125.html

Musik berührt und ist stark mit Emotionen verbunden.[67] Die Wirkung von Musik auf Stimmungen und Gefühle ist allgemein erlebbar. Je nach Stilrichtung können unterschiedliche Stimmungen erzeugt werden. So kann sich beispielsweise in einem ergreifenden Popsong eine traurige, in einem rockigen Punkstück eine aggressive Stimmung ausdrücken. Über Musik und die Vorlieben für bestimmte Musikrichtungen werden Lebensgefühl und Zugehörigkeit zu Gruppen ausgedrückt. Jedes Land hat seine Hymne, genauso wie auch Protestbewegungen sich über Musik verbinden und erkennen. Die Wirtschaft setzt Musik gezielt ein, zum Beispiel in Kaufhäusern und Supermärkten als Hintergrundmusik, um Kunden zum längeren Verweilen und Kaufen zu stimulieren. Musik und Klänge haben einen entscheidenden Einfluss auf die Psyche und können Erinnerungen und Gefühle hervorrufen.[68] In der Musik werden rein kognitiv nicht fassbare Gefühle und Irritation hörbar und damit reflektierbar. Ein Transfer der gewonnenen Einsichten ist im Alltag möglich. Verschiedene Töne und einzelne musikalische Elemente werden durch das Aneinanderfügen hörbar verbunden. Sofort kann wahrgenommen werden, ob die Verbindung, der Zusammenklang harmonisch ist. Für eine harmonische Tonfolge sind gewisse Strukturen, klare mathematische Abstände und Wiederholungen verpflichtend. Selbst ohne dieses Wissen ist die Harmonie direkt erlebbar. In der Musiktherapie sind ein intensives Hinhören und Sich-Einlassen die Grundvoraussetzung für musikalische Interaktionen. Ein direktes klangliches Feedback ist möglich.[69]

Die Einsatzgebiete der Musiktherapeuten sind in kurativen, rehabilitativen und präventiven Bereichen sowie in der Nachsorge. Musiktherapeutische Methoden folgen gleichberechtigt tiefenpsychologischen, verhaltenstherapeutisch-lerntheoretischen, systemischen, anthroposophischen und ganzheitlich humanistischen Ansätzen.

3.1.2 Kunsttherapie

Kunsttherapie gegliedert sich in die kunstspezifischen Fachbereiche Malerei, Zeichnen und Plastik. Die Fachbereiche basieren auf den unterschiedlichen Wirkungen der verschiedenen

[67] Vgl. O'Brien, E. K. et al. (2012), S. 274
[68] Vgl. Alvin, J. (1984), S. 69
[69] Vgl. Bunt, L. (2004), S. 16

künstlerischen Mittel und Prozesse. Kunst fungiert als Medium, um Unbewusstes sichtbar zu machen.[70] Künstlerische Gestaltungen haben ebenso wie Klänge einen Zugang zu Gefühlen. Im Traum drückt sich der Mensch in Bildern und Symbolen aus. In der Kunstgeschichte hat jede Epoche seinen für die Zeit und dem Lebensgefühl entsprechenden markanten Gestaltungsstil.[71]

Im Experimentieren mit Farben, Formen und Linien kann Bewusstes und Unbewusstes mit in die Gestaltung einfließen. Anders als bei der Musik entsteht hier kein flüchtiges Werk, sondern die Bilder und Skulpturen bleiben über den Schaffensprozess hinaus als Zeugen erhalten. Es entsteht ein reales Gegenüber, das reflektiert werden kann. Der künstlerisch Schaffende kann in seinen Gestaltungen Erkenntnisse über sich selbst gewinnen. In einem nächsten Schritt kann das Gestaltete ergänzt und verändert werden kann. Ein Handeln auf Probe ist im therapeutischen Schutzraum möglich.

Anwendung findet die Kunsttherapie in der Behandlung, Rehabilitation und Prävention von akuten und chronischen körperlichen, psychosomatischen und psychischen Erkrankungen, Entwicklungsstörungen und biografischen Krisen sowie in der Palliativmedizin.

3.1.3 Theatertherapie

Die Theatertherapie ist eine handlungsorientierte, künstlerische Therapieform, die Ausdrucksmöglichkeiten und Arbeitsansätze des Theaters methodisch einsetzt. Die vielfältigen Methoden dieser künstlerischen Therapieform sind spezifisch ausdifferenziert für fast alle psychischen Störungen. Die spielerische sowie körper- und handlungsorientierte Herangehensweise überwindet die Grenzen des rationalen Verstehens. Zugänge zu Emotionen werden ermöglicht, die über die verbale Ebene hinausgehen. Die gemeinschaftspendende und bewusstseinsaufbauende Kunst der Theatertherapie beruht auf dem „Spiel" mit dem persönlichen Drama. Durch die Inszenierung des individuellen Leidens findet eine künstlerische Erhöhung und „Verallgemeinerung" statt, so dass eine Kollektivität des

---

[70] Vgl. Aminabadi (2011), S. 6
[71] Vgl. Jaffé, A. (1987), S. 232 ff.

scheinbar individuellen Problems erlebt werden kann.[72] Aus der Distanz zum persönlichen Konflikt können Bewältigungsstrategien und Handlungskompetenzen entwickelt und erprobt werden. Der Therapieverlauf stellt einen kreativen Prozess dar, bei dem Zugänge zu vorhandenen Ressourcen und Kompetenzen des Patienten gesucht werden. Die unmittelbare Handlung und der spontane Ausdruck stehen im Vordergrund. Das gemeinsame Spielen bietet die Möglichkeit in verschiedene Rollen zu schlüpfen, verschiedene Handlungsverläufe zu erproben und Ereignisse aus einem anderen Blickwinkel wahrzunehmen. Da Theatertherapie in der Gruppe stattfindet, werden Begegnungen und Beziehungen sowie deren bewusste Gestaltung ermöglicht. Gefühle, Bilder und Phantasien erhalten eine Bühne, einen Raum, der neue Erfahrungen ermöglicht.[73] Auf diese Weise wird Selbstwirksamkeit nicht nur unmittelbar, sondern auch nachhaltig erfahren.

3.2 Besonderheiten künstlerischer Therapien gegenüber bestehenden Präventionsangeboten

Eine große Herausforderung der Burnout-Prävention stellt das Wahrnehmen der individuellen Gefährdung dar. Eine effiziente nachhaltige Burnout-Prävention sollte darüber hinaus die individuellen Persönlichkeitseigenschaften und organisatorischen Bedingungen beachten, also gleichrangig verhältnisorientierte und verhaltensorientierte Maßnahmen beinhalten.

Im Rahmen der verhaltensorientierten Prävention bieten die künstlerischen Therapien allen Mitarbeitern die Möglichkeit ihr Verhalten, ihre bewussten und unbewussten Erwartungen an ihre Leistungsfähigkeit und ihr Bedürfnis nach Anerkennung auf einer anderen Ebene zu erleben. Die spielerische Herangehensweise der künstlerischen Therapie ermöglicht ein, je nach Therapieform, nonverbales Experimentieren und Ausprobieren, wie welche Gefühle ausgedrückt werden können. Für die Betroffenen sind Wünsche und Bedürfnisse, die im Bild, der Musik- oder im Theaterstück bewusst oder unbewusst ausgedrückt werden, leichter anzuerkennen und anzunehmen, als die wörtlich formulierten.[74] Gerade die unbewussten Anteile in den Gestaltungen können eine Burnout-Gefährdung ausdrücken und für den

[72] Vgl. Neumann, L. (2002), S. 65
[73] Vgl. Lipinski, G. (2002), S. 30
[74] Vgl. Aminabadi, N. A. (2011), S. 4 ff.

Betroffenen wahrnehmbar werden. Es ist eine große Stärke der künstlerischen Therapie, dass unbewusste Inhalte transportiert und aufgedeckt werden können. Dagegen werden bei psychologischen Testverfahren und Checklisten auf einer sprachlich-kognitiven Ebene verschiedene Gesichtspunkte zur Burnout-Gefährdung abgefragt. In der künstlerischen Therapie kann die Burnout-Gefährdung erlebt und gleichzeitig Lösungsansätze erarbeitet werden.

Auf die gleiche Weise zeigen sich Wege zu den Ressourcen und Kompetenzen in den künstlerischen Gestaltungen. Lösungsmöglichkeiten können je nach künstlerischem Ausdrucksmedium gesehen, gehört oder gespielt werden. Ein bisher nie erlebter Fundus an Handlungsalternativen öffnet sich. Die künstlerischen Therapien bieten zum Ausprobieren einen kreativen Schutzraum an. Auch wenn keine Gefahr eines Burnouts besteht, können Erkenntnisse gewonnen werden. Ein Bezug zwischen künstlerischer Gestaltung und dem Schaffenden wird ermöglicht und kann vertieft werden. Angestellten und Führungskräften werden durch den Ausdruck mit künstlerischen Medien Reflexionsmöglichkeiten der persönlichen Gefährdung und Kompetenzen angeboten. Das eigene Verhalten kann auf einer anderen Ebene erlebt, reflektiert und optimiert werden.[75] Die eigene Sichtweise des Stellenwertes der Arbeit sowie die Beziehungen zum sozialen Umfeld können hinterfragt und neu gestaltet werden. Für eine anspruchsvolle berufliche Tätigkeit ist ein ausgeglichenes Privatleben und Unterstützung aus dem sozialen Umfeld wesentlich, um der so genannten Burnout-Falle, dem Teufelskreis zu entgehen. Die Erkenntnis der Gefährdung ist für Burnoutgefährdete Persönlichkeiten wesentlich, ebenso das Erleben, dass verschiedene Möglichkeiten existieren, wie mit der Situation umgegangen werden kann. Einer Depersonalisierung kann vorgebeugt werden und ein zweckmäßiger Umgang mit den Ursachen der Gefährdung wird unterstützt. Der Teufelskreis der frustrierenden Erlebnisse kann gestoppt werden, ebenso wie das Gefühl der Ohnmacht und des Kontrollverlustes.

Ein Transfer der Erkenntnisse in den Alltag gelingt durch das Erlebte leichter, als über kognitive Einsichten. Der bewusste Umgang mit den eigenen Grenzen und gleichzeitig kreatives

---

[75] Vgl. Perez, R. G. (2012), S. 283 ff.

Denken zu entwickeln, ist entscheidend, um den beruflichen Herausforderungen gewachsen zu sein, und für das Selbstmanagement.

Für die verhältnisorientierte Burnout-Prävention in der Teamarbeit können künstlerische Therapien gleichfalls erkenntnisstiftend sein. Strukturen im Team bzw. Unternehmen und eventuell bestehende Reibungsverluste können durch die künstlerische Gestaltung erkannt und Veränderungsansätze erarbeitet werden. In den künstlerischen Gruppentherapien erfolgt die Zusammenarbeit auf einem Gebiet, auf dem alle oft unerfahren sind: der Vorgesetzte genauso wie der Angestellte oder die Führungskraft. Ein Gesichtsverlust ist nicht zu befürchten, da bei einem Gemeinschaftswerk des Teams der Fokus auf der Gestaltung und den Gestaltungsmöglichkeiten liegt. Vorhandene Kompetenzen fließen in den künstlerischen Prozess ein und werden wertgeschätzt. Die künstlerischen Therapien sind ein ressourcenorientiertes Verfahren, bei dem Defizite unwesentlich sind. Entscheidend ist es, aus den vorhandenen Ressourcen und persönlichen Möglichkeiten zu schöpfen und Interaktionen zielgerichtet und sinnvoll zu gestalten. So ist zum Beispiel in der Musik der Klang voller und vielfältiger, wenn alle harmonisch zusammenspielen. Gleiches kann bei den bildnerischen Medien erlebt werden: dass durch eine gelungene Zusammenarbeit die Gestaltung nuancen- und variantenreicher wird. Bei der Theatertherapie können direkte Erfahrungen in vielfältigen Rollen gemacht werden. Es können spielerisch gegensätzliche Perspektiven eingenommen werden. Auf diese Weise können Prozesse und Strukturen aus einer anderen Sichtweise erlebbar werden. Auf der Erlebensebene eröffnen sich intuitiv Lösungsmöglichkeiten, erschließen sich Sichtweisen, die auf rein kognitiver Ebene nicht erfahrbar wären. Die so gewonnenen Einsichten und Erkenntnisse lassen sich sowohl einfacher als auch nachhaltiger in den Alltag integrieren, da sie schon im Schutzraum der künstlerischen Therapien durchlebt wurden.

Soziale Kompetenz und Konfliktfähigkeit werden dabei zusätzlich nachhaltig gefördert. Gesunde Teamstrukturen können gestärkt werden.

In vielen Unternehmen ist die innerbetriebliche Wertorientierung von Ehrgeiz, Null-Fehler-Kultur, Leistungs- und Wettbewerbsorientiertheit geprägt. Diese Voraussetzungen unterstützen die Tendenz der Führungskräfte, Belastungen und Erschöpfungszustände zu verleugnen und an die Grenzen ihrer Leistungsfähigkeit zu gehen, während die Warnsignale des Körpers unterdrückt werden.[76] Daraus ergibt sich für die Burnout-Prävention ein Handlungsbedarf im Bereich des individuellen Verhaltens der Führungskräfte, aber auch der Unternehmenskultur. Hier können künstlerische Therapien präventiv eingesetzt werden, denn Führungskräfte haben Vorbildfunktion für ihre Mitarbeiter, speziell in Hinblick auf Burnout-Prävention und Unternehmenskultur. Eine gesunde Unternehmenskultur ist zu etablieren, in der Mitarbeiter Wertschätzung erleben, Anerkennung erfahren, ihre individuelle Kompetenz entwickeln und erweitern können. Dafür sind die Unternehmensziele mit den Mitarbeiterzielen abzugleichen. Hinsichtlich der Burnout-Prävention ist das kein Zielkonflikt. Die Gesundheit von Mitarbeitern ist von zentraler Wichtigkeit für Wettbewerbsfähigkeit und langfristiges Kostenmanagement, denn die Folgen von Burnout können für ein Unternehmen kostspielig werden. Eine wesentliche Voraussetzung für eine gesunde Unternehmenskultur ist zunächst die Sensibilisierung von Führungskräften für die Bedürfnisse der Mitarbeiter.[77] Auch diese Thematik kann auf der künstlerischen Ebene bearbeitet und es kann ein Weg gefunden werden, der die Vereinbarkeit der Ziele des Unternehmens und der Mitarbeiter unterstützt. Mitarbeiter bringen ihre Kompetenz in die tägliche Arbeitsleistung in den Wertschöpfungsprozess eines Unternehmens mit ein. Die Motivation der Mitarbeiter wird stark von der Sinnfindung der täglichen Arbeit, der Identifikation mit den Unternehmenszielen und vor allem der Wertschätzung durch die Vorgesetzten beeinflusst.[78] Durch künstlerische Therapien können unerschlossene Leistungspotenziale mobilisiert werden und dadurch kann eine Produktivitäts- und Qualitätssteigerung erfolgen, die den Beschäftigten und dem Unternehmen nutzen.

Zusammengefasst ist die Stärke der künstlerischen Therapien, sowohl für den einzelnen Mitarbeiter als auch für das Team und die Organisation, das Wahrnehmen von eigenen Bedürfnissen, speziell der Burnout-Gefährdung auf einer künstlerischen Ebene. Darüber hinaus können Stärken und Kompetenzen entdeckt, Stress und Ohnmachtsgefühle abgebaut werden. Es können Handlungsalternativen und Bewältigungsstrategie ausprobiert werden.

---

[76] Vgl. Leidenfrost, J. (2006), S. 41
[77] Vgl. Comelli, G./ Rosenstiel, L. (2011), S. 21
[78] Vgl. Watzlawick, P. (2007), S. 233

Erfolg realisiert sich nur mit Menschen, die vollen Zugang zu ihren Potentialen haben und diese für die Unternehmensziele einsetzen wollen.

4. Theoretische Grundlagen III *„Ökonomischer Nutzen und Mehrwert"*

Der wirtschaftliche Erfolg eines Unternehmens ist unter anderem abhängig von der Kompetenz, Fähigkeit und Motivation der Mitarbeiter. Die Gesundheit von Mitarbeitern ist von zentraler Wichtigkeit für Wettbewerbsfähigkeit und langfristiges Kostenmanagement. Kostspielige Folgen von Burnout können stressbedingte Produktionsfehler oder Fehlentscheidungen, Krankheitsfehlzeiten, Abfindungen ausgebrannter Mitarbeiter sowie Kosten für Neueinstellungen sein. Burnout-betroffene Mitarbeiter können auch ohne Krankheitstage und Arbeitsausfall Kosten verursachen. In Zeiten eines begrenzten Stellenangebotes auf dem Arbeitsmarkt kündigen Burnout-betroffene Mitarbeiter nicht ohne weiteres von sich aus.[79] Das Verbleiben auf der Stelle zieht eine verminderte Arbeitsleistung, eine schlechtere Qualität und eventuell unzufriedene Kunden nach sich.

Betriebliche Gesundheitsförderung hat nur eine Chance auf Umsetzung, wenn sie der Gewinnerzielung nicht widerspricht und Effizienzvorteile[80] bei der betrieblichen Leistungserbringung verschafft. Letztlich muss betriebliche Gesundheitsförderung realistisch umsetzbar sein.

4.1 Probleme der ökonomischen Analyse

Den Nutzen von Gesundheitsförderungsprogrammen mittels einer ökonomischen Analyse zu bewerten, gestaltet sich schwierig, da die gesundheitsrelevanten Auswirkungen und der monetäre Nutzen schwer abschätzbar sind.[81] Ein Erfolgsnachweis auf betriebswirtschaftlicher Ebene ist ebenso schwierig wie die Beurteilung der Quantifizierung des gesamtwirtschaftlichen Einsparungspotentials auf volkswirtschaftlicher Ebene. Effekte von betrieblicher Gesundheitsförderung auf betriebswirtschaftlicher Ebene sind die Steigerung der Arbeitszufriedenheit, aus der idealerweise eine Erhöhung der Produktivität hervorgeht, sowie die Reduzierung von Krankheitsgeschehen und deren Kosten. Da die Beziehung zwischen Arbeitszufriedenheit und Produktivität nicht direkt monetarisiert werden kann, werden als Einflussgrößen für Wirtschaftlichkeitsberechnungen in der Regel die dem Unter-

---

[79] Vgl. Litzcke, S. M./ Schuh, H. (2007), S. 155
[80] Effizienz als ökonomisches Ziel bezieht sich auf das Kosten-Nutzen-Verhältnis der Maßnahmen.
[81] Vgl. Ueberle, M./ Greiner, W. (2010), S. 260

nehmen entstehenden Kosten durch Krankheit herangezogen. Für die Betriebe entstehen Kosten, insbesondere bei länger währenden Krankenständen, durch die Aufnahme und Einschulung von Ersatzpersonal oder etwaig notwendige Umorganisation.

Auf volkswirtschaftlicher Ebene ergibt sich eine breitere Palette an Effekten. Die Verbesserung des Gesundheitszustandes der Beschäftigten senkt direkt die Kosten des Absentismus[82] und die Ausgaben für Krankenbehandlung. Ein nachhaltig verbesserter Gesundheitszustand von Beschäftigten kann die Notwendigkeit von vorzeitigen Pensionierungen verringern, und damit Beschäftigte länger im Erwerbsleben halten und Pensionszahlungen hinausschieben. Einsparungen ergeben sich aus vermiedenen Krankenbehandlungen und Krankengeldzahlungen für Sozialversicherungen. Die Europäische Agentur für Sicherheit und Gesundheitsschutz am Arbeitsplatz schätzt die volkswirtschaftlichen Folgekosten des Burnout-Syndroms in der Europäischen Union auf rund 20 Milliarden Euro jährlich.[83] Ein Handlungsbedarf scheint damit bei Burnout unumgänglich.

Jedoch gestalten sich ökonomische Analysen bei einer allgemeinen betrieblichen Gesundheitsförderung aus folgenden Gründen problematisch:

- Zeitliche Verzögerung von Kosten und Nutzen. Mögliche Erfolge der Maßnahmen werden meistens erst nach Durchführung der Programme ertragswirksam. Das erschwert die Diskontierung des Nutzens auf den Zeitpunkt.
- Bewertung des monetären Nutzens. Der Nutzen liegt oft in verhinderten, nicht stattgefundenen Ereignissen.
- Auswahl und Anwendung von Erfolgskriterien. Dadurch wird eine eindeutige Zuordnung positiver Effekte zu den einzelnen Maßnahmen oder Maßnahmepaketen erschwert.
- Speziell bei den künstlerischen Therapien wird die Kosten-Nutzen-Berechnung durch die Komplexität dieser Verfahren erschwert. Der Ursachen-Wirkungs-Zusammenhang zwischen den Methoden der künstlerischen Therapien und den nicht stattgefundenen Ereignissen ist schwierig herzustellen. Besonders vor dem Hintergrund,

[82] Fehlzeiten, Zeiten der Abwesenheit von Mitarbeitern während der vertraglich vereinbarten Sollarbeitzeit.
[83] Vgl. Awa, W. et al. (2010), S.184

dass es beim Burnout-Syndrom nach Jahren zu dramatischen Kosten durch einen Zusammenbruch mit Arbeitsausfall kommen kann.

Dennoch gibt es Möglichkeiten, betriebliche Gesundheitsförderung mit und ohne künstlerische Therapien zu quantifizieren.

4.2 Diskussion der ökonomischen Analysemethoden

Folgende Methoden können zur Bewertung der Auswirkung von Gesundheitsförderungsprogrammen herangezogen werden:

- Kosten-Nutzen-Analyse (KNA)

Die Kosten-Nutzen-Analyse ist ein klassisches rein monetäres Verfahren zum Ertragsvergleich von Investitionen. Anwendung finden die Rentabilitäts-, Gewinnvergleichsrechnung, Kapitalwert- und Annuitätenmethode. Voraussetzung sind Kenntnis aller Kosten- und Nutzeneffekte und die Quantifizierbarkeit. Diese Methode ist unter anderem auf eine kurzfristige Gewinnerzielung ausgelegt und daher zur Beurteilung von gesundheitsfördernden Maßnahmen ungeeignet. Betriebliche Gesundheitsförderung ist strategisch und langfristig angelegt. Auch bleiben bei dieser Methode nichtmonetäre Effekte unberücksichtigt.

- Kosten-Effektivitätsanalyse (KEA)

Die Kosten-Effektivitätsanalyse beurteilt die Wirksamkeit einer Maßnahme oder Programms hinsichtlich einer einzelnen angestrebten Zielgröße, z.B. Reduzierung von Fehlzeiten oder Verminderung der Ausschussproduktion. Der Erfüllungsgrad des angestrebten Ziels wird den aufgewendeten Kosten gegenübergestellt. Mittels dieser recht einfachen Methode können direkte und indirekte Krankheitskosten ermittelt werden. Eine schnelle und grobe Abschätzung ist möglich.

- Nutzwertanalyse (NWA)

Die Nutzwertanalyse bewertet monetär nicht fassbare Zielkriterien durch eine gewichtete qualitative Einstufung der Zielerfüllung. Beliebig viele und verschiedenartige Effekte können berücksichtigt werden. Ist der Zielrahmen festgelegt, besteht die Analyse aus 5 Schritten. Die Festlegung der Bewertungskriterien ist oft problematisch.

- Kosten-Wirksamkeitsanalyse (KWA)

Die Kosten-Wirksamkeitsanalyse wurde speziell zur Beurteilung von monetären und nichtmonetären Kosten von Arbeits- und Gesundheitsschutzmaßnahmen entwickelt. Die Analyse erfolgt in 3 Stufen. Da das Verfahren komplex und aufwendig ist, eignet es sich nicht zur Anwendung in klein- und mittelständischen Betrieben.

- Erweiterte Wirtschaftlichkeitsanalyse (EWA)

Die erweiterte Wirtschaftlichkeitsanalyse ist eine Kombination aus der Kosten-Nutzen-Analyse zur Ermittlung der Wirtschaftlichkeit und der Nutzenanalyse zur Bestimmung des Wertes des Erfolgs der Maßnahme. Die Methode wird in ein eindimensionales und mehrdimensionales Verfahren unterteilt. Jedoch wird diese Methode in der Literatur kritisch diskutiert.

- Return on Investment (ROI)

Um den ökonomischen Nutzen von Maßnahmen der betrieblichen Gesundheitsförderung aufzuzeigen, bietet der prospektive Return on Investment einen viel versprechenden Ansatz. Es handelt sich um eine Kalkulation des Kosten-Nutzen-Verhältnisses, die eine Zukunftsbetrachtung mit einschließt. Der prospektive ROI liefert eine Kennzahl, die Grundlage für Empfehlungen und Förderung von Entscheidungen der Gesundheitsförderung sein kann. Ein Vergleich der Effizienz verschiedener Maßnahmen wird durch den ROI ermöglicht. Das Instrument wird von externen Beratern und Krankenkassen verwendet.

In einem Review von Aldana zu US-amerikanischen Studien zu verschiedenen Gesundheitsförderungsprogrammen, die Absentismus untersucht haben, ermitteln die Ergebnisse ein Kosten-Nutzen-Verhältnis von einem ROI von 1:2,5 bis 1:10,1.[84] Das bedeutet, dass für jeden für das Programm investierten Dollar 2,5 bzw. 10,1 Dollar durch reduzierte Abwesenheitskosten gespart wurden. Eine Limitierung der Studien ergab sich durch die Herkunft. Da viele

---

[84] Vgl. Aldana, S. G. (2001), S. 312

Studien aus den USA stammen, stellt sich die Frage der Übertragbarkeit der Ergebnisse auf die Situation in Deutschland. Darüber hinaus weisen einige Studien methodische Mängel auf. Ein Hauptdefizit ist, dass ein Großteil der Studien ohne Vergleichsgruppe durchgeführt worden ist. Somit sind die Veränderungen, die in der Interventionsgruppe festgestellt wurden, nicht abzugrenzen von möglicherweise gleichzeitig auftretenden gesellschaftlichen Veränderungen.[85] Außerdem liegen zu wenige Studien vor, welche die durch die Programme hervorgerufenen Effekte über einen längeren Zeitraum erfassen.[86] Trotzdem finden sich in dieser Literatur überwiegend Hinweise, dass sich betriebliche Gesundheitsförderung „rechnet".[87] In Deutschland liegen nur spärliche Informationen zu den erzielten Ersparnissen vor, was möglicherweise an den für jeden Betrieb maßgeschneiderten Programmen liegt, die eine Vergleichbarkeit der Investition erschweren.

Eine genaue Durchführung der Berechnung des ROI für ein Präventionsangebot mit künstlerischen Therapiemethoden würde den Rahmen dieser Diplomarbeit sprengen. Dennoch sollen die wesentlichen Parameter zur Bestimmung des ökonomischen Nutzens diskutiert werden.

Für die Bereitstellung eines solchen Angebotes entstehen zusätzliche Kosten für den Therapeuten und das verwendete Material. Die Kosten sind abhängig von der Häufigkeit der Durchführung und der Anzahl der teilnehmenden Personen.

Die Zielgrößen der verhaltensorientierten Prävention, die sich an die einzelnen Beschäftigten richten, sind:

- Kenntnis der eigenen Bedürfnisse
- Verminderung der Isolation
- Abbau von überhöhten Anspruch, Idealismus und Perfektionismus
- Stärkung des Selbstbewusstseins und der Kompetenzen
- Erkenntnis der persönlichen Stressquellen

---

[85] Vgl. Dishman, R. K. et al. (1998), S. 353
[86] Vgl. Janer, G. et al. (2002), S. 143
[87] Vgl. Golaszewski, T. (2001), S. 334

- Entwicklung von eigenen klar definierten, realistisch erreichbaren Zielen
- Entwicklung von individuellen Handlungs- und Bewältigungsstrategien

Zielgrößen für die Verhältnisprävention, gerichtet an die Organisation und Führung:

- Verringerung der Arbeitszeit und des Arbeitsvolumens pro Zeiteinheit sowie Möglichkeiten der Arbeitszeitgestaltung
- Schaffung von Beförderungs- und Aufstiegsmöglichkeiten
- Möglichkeiten der Mitsprache der betreffenden Mitarbeiter bei relevanten Themen, gemäß dem Motto „Betroffene zu Beteiligten machen"
- Aufbau von kollegialen Unterstützungsstrukturen
- Einrichten von firmeneigenen Hilfsangeboten und Workshops
- Regelmäßige Mitarbeiterbefragungen und Feedback von Vorgesetzten

Burnout-Präventionsmaßnahmen sollten sich über einen relativ langen Zeitraum in Abständen wiederholen, um eine Nachhaltigkeit zu gewährleisten und nicht nur Hawthorne-Effekte[88] zu messen. Die von Aldana im Review veröffentlichten Studien weisen eine durchschnittliche Dauer von 3,25 Jahren auf. Es ist zu erwarten, das über einen noch längeren Zeitraum die Gewinne einer Präventionsmaßnahme mit künstlerischen Therapien deutlich höher ausfallen werden. Die Reduzierung von gesundheitlichen Burnout-Risiken bewirken eine Reduktion der tatsächlichen Erkrankungen erst etliche Jahre später. Für eine detaillierte Angabe des Zeitraumes sind gezielte Studien notwendig, ebenso zu den monetären Effekten durch Steigerung der Arbeitszufriedenheit, Produktionssteigerung und Vermeidung von Ausfall- und Krankheitskosten.

Durch zufriedene Mitarbeiter und Betriebe die mit ihren Mitarbeitern zufrieden sind, kann die Personalfluktuation gesenkt werden. Kosten für Neueinstellungen und Einarbeitungen können eingespart werden.

---

[88] Der Hawthorne-Effekt besagt, dass Teilnehmer einer Studie ihr natürliches Verhalten ändern, weil sie wissen, dass sie an einer Studie teilnehmen und unter Beobachtung stehen.

5. Praktische Analyse

Für die praktische Analyse waren zwei Leitfragen richtungweisend:

1. Welche Vorteile bieten künstlerische Therapien gegenüber bestehenden Burnout-Präventionsangeboten?
2. Ist der Einsatz von künstlerischen Therapien finanzierbar und rentiert er sich kurz- bzw. langfristig für ein Unternehmen?

Das Wahrnehmen der Burnout-Gefährdung gerade in der Anfangsphase stellt eine große Herausforderung für die Prävention dar. Die Stärken der künstlerischen Therapien liegen in der Selbstreflexion auf einer künstlerischen Ebene. Dieser Effekt lässt sich sowohl für einzelne Mitarbeiter nutzen als auch zur Verbesserung von Teamprozessen und Organisationsstrukturen. Die speziellen Eigenschaften müssen vom Fragebogen erfasst werden.

Die Ermittlung des ökonomischen Nutzens ist wesentliche Grundlage zur Etablierung von künstlerischen Therapien in diesem Bereich. Denn selbst bei grundlegender Akzeptanz von betrieblicher Gesundheitsförderung wird von Betrieben nach einer Abschätzung des ökonomischen Nutzens gefragt.[89] Geleitet wird die Überlegung durch die Aussicht, gewünschte Präventionseffekte möglicherweise mit Auswahl der effektivsten Maßnahmen kostengünstiger zu erreichen.

5.1 Erstellung eines Konzepts zur Befragung von Mitarbeitern

Ziel der praktischen Pilotstudie ist es, einen Einblick in die Erfahrungen und vor allem eine Nutzeneinschätzung von künstlerischen Therapien zur Burnout-Prävention in Betrieben zu gewinnen.

Die Zielgruppe der Analyse beschränkte sich auf die für BGF-Programme zuständigen Manager, die einzelnen Mitarbeiter selbst wurden nicht befragt. Es wurde davon ausgegangen, dass sich eine wirksame Burnout-Prävention mit künstlerischen Therapien in

[89] Vgl. Burgdorf, A. (2007), S. 163

einem nachweisbaren, messbaren Nutzen niederschlägt, der vom Management dokumentiert wird. An dieser Stelle sei angemerkt, dass eine Befragung zur Selbsteinschätzung von Produktivität wenig zuverlässig ist. Während die Beschäftigten sich selber als produktiver erleben, ist diese Veränderung jedoch nicht zwangsläufig in objektiven Kennzahlen messbar.[90]

Die Zielgruppe wurde um eine Einschätzung der Auswirkungen des gesamten BGF-Programmes und speziell der künstlerischen Therapien auf folgende Bereiche gebeten:

- Steigerung der Arbeitszufriedenheit, Selbstkompetenz und Motivation
- Verbesserung der Teamfähigkeit
- Unterstützung der Unternehmenskultur und der Identifikation der Mitarbeiter mit dem Unternehmenszweck

Betriebe mit BGF-Programmen ohne künstlerische Therapien sollten den Nutzen hypothetisch einschätzen.

Um eine Vergleichbarkeit der erhobenen Daten zu gewährleisten, müssen allgemeine Ordnungsmerkmale erhoben werden.

- Einverständniserklärung zur Veröffentlichung der erhobenen Daten
- Ansprechpartner im teilnehmenden Betrieb
- Branche des Betriebes
- Betriebsgröße
- Wurden alle Mitarbeiter erreicht?

Weitere Fragen sind:

- Bestehen BGF-Programme?
- Gibt es eine Burnout-Prävention?

---

[90] Vgl. Proper, K. et al. (2002), S. 75

- Werden auch künstlerische Methoden angewendet?
- Welcher konkrete (wirtschaftliche) Nutzen war durch die Burnout-Prävention erkennbar? Welcher ist auf den Einsatz künstlerischer Therapien zurückzuführen?
- Wie ist die Einschätzung zum monetären Erfolg der einzelnen Maßnahmen der Burnout-Prävention mit und ohne Einsatz von künstlerischen Therapien? Welche Erfolgsfaktoren zeigen sich?
- Einschätzung des ROI zur Burnout-Prävention mit künstlerischen Therapien

Die Fragen zu den einzelnen Nutzen werden auf einer Skala von „sehr hoch" über „hoch", „eher gering" und „sehr gering" bis zu „trifft nicht zu" quantifiziert. Die restlichen Fragen sind durch Ankreuzen zu beantworten. Die Entwicklung des Fragebogens orientierte sich an einer 2005 durchgeführten und 2007 veröffentlichten Studie des AOK-Bundesverbandes.[91] Im Anhang befindet sich der Fragebogen der hier im Rahmen der Diplomarbeit durchgeführten praktischen Analyse.

5.2 Ergebnisse der Befragung

Aufgrund der geringen Anzahl der teilnehmenden Betriebe (n=9) ist die Aussagekraft der Befragung stark eingeschränkt. Bei allen Betrieben handelt es sich um klein- und mittelständische Unternehmen (KMU).

- 2 x Kleinstunternehmen (weniger als 10 Beschäftigte)
- 6 x Kleinunternehmen (weniger als 50 Beschäftigte)
- 1 x Mittleres Unternehmen (weniger als 250 Beschäftigte)

Die Verteilung der Unternehmen auf die Branchen gestaltete sich wie folgt:

- 2 x Öffentliche Verwaltung
- 4 x Einzelhandel
- 2 x KFZ Handel
- 1 x Gesundheitswesen

[91] Vgl. https://www.aok-bgf.de/fileadmin/bgfonline/downloads/pdf

Der Zeitraum in dem BGF-Maßnahmen bei den befragten Unternehmen eingeführt wurden, schwankt zwischen 2001 und 2010. Bei drei teilnehmenden Betrieben existiert kein BGF-Programm. Das lässt sich vermutlich auf die geringe Betriebsgröße zurückführen.

Burnout-präventive Maßnahmen werden im Rahmen des BGF-Programms in zwei Betrieben angeboten. Darunter befindet sich ein Betrieb, bei dem künstlerische Methoden Anwendung finden. Hierbei handelte es sich nicht um klassische Methoden aus dem Bereich der künstlerischen Therapien, sondern um eine in weitere Maßnahmen eingebettete, malerische Ausdrucksübung und darstellendes Rollenspiel. Eine eindeutige Zuordnung des Erfolgs der Anwendung dieser künstlerischen Mittel war nicht möglich. Das gesamte BGF-Projekt in diesem Betrieb zur Burnout-Prävention wurde als erfolgreich bewertet. Der stärkste mit „hoch" beurteilte Effekt war die Senkung der Entgeltfortzahlung, gefolgt von einer „eher geringen" Produktivitätssteigerung durch Arbeitszufriedenheit und Verbesserung der Teamfähigkeit. Die Steigerung der Kundenzufriedenheit wurde mit „sehr gering" angegeben. Alle weiteren abgefragten Kategorien ergaben keine Effekte. Ergänzt wurde die Kategorie des konkreten Nutzens der künstlerischen Therapien durch die „Verbesserung der betriebsinternen Kommunikation", die mit „hoch" bewertet wurde.

Die Einschätzung von Einsparungen und die Berechnung eines ROI wurden von keinem Betrieb angegeben.

Die Frage an die Betriebe, die keine Burnout-Prävention mit künstlerischen Therapien durchführen, nach der Einschätzung des angenommenen Nutzens, wurden in allen genannten Kategorien mit „hoch" und „sehr hoch" vermutet. Außerdem wurde bei einem Fragebogen die selbst hinzugefügte Kategorie „Krankenstand" mit „hoch" bewertet.

Alle neun Unternehmen würden Burnout-Präventionsmaßnahmen mit künstlerischen Therapien den üblichen Programmen vorziehen. Diese Aussage muss kritisch diskutiert werden, da es sich um den schon erwähnten Hawthorne-Effekt handeln kann. Den Befragten war bewusst, dass es sich um eine unverbindliche Befragung im Rahmen einer Diplomarbeit handelt. Es könnte sein, dass die Befragten mit ihren Antworten möglicherweise die Autorin bei ihrer Arbeit motivieren wollten. Nach persönlicher Rücksprache mit den zuständigen

Ansprechpartnern wird der Einsatz von künstlerischen Therapien ergänzend zu BGF-Projekten zur Burnout-Prävention als innovativ und Erfolg versprechend eingeschätzt. Durchaus wird eine Verbesserung des individuellen gesundheitsbewussten Verhaltens gesehen sowie ein ökonomischer Nutzen unter der Voraussetzung, dass es sich um eine bewiesene, effektive Maßnahme handelt.

Als überraschendes Resultat der praktischen Analyse ist festzustellen: unter bestimmten Voraussetzungen besteht eine prinzipielle Offenheit in den teilnehmenden Unternehmen gegenüber Burnout-Prävention mit künstlerischen Therapiemethoden.

6. Ergebnisse

6.1 Darstellung der Ergebnisse aus Theorie und Praxis

Die Ergebnisse aus Theorie und Praxis lassen sich unter drei Gesichtspunkten zusammentragen:

- Entlastung des gesamten Gesundheitswesens
- Senkung des Krankheitsrisikos und Verbesserung der Gesundheit der Mitarbeiter
- Kostenersparnis für den Betrieb durch Steigerung der Produktivität und Reduzierung von Krankenstand sowie Fehlzeiten

6.1.1 Entlastung des gesamten Gesundheitswesens

Der volkswirtschaftliche Nutzen eines Burnout-Präventionsprogrammes mit künstlerischen Therapien ist die Entlastung des gesamten Gesundheitswesens durch weniger Arztbesuche und Krankenhausaufenthalte. Für die Mitarbeiter und Betriebe ist dieser Aspekt von untergeordneter Bedeutung. Eine gemeinsame Schnittmenge ist die Reduzierung von minderwertigen Produkten und Dienstleistungen, die aufgrund der an Burnout erkrankten Mitarbeiter entstehen können.[92] Bei der vorliegenden Arbeit wurden die positiven Effekte einer Burnout-Prävention mit künstlerischen Therapien aus betriebs- und personalwirtschaftlicher Sichtweise diskutiert.

6.1.2 Senkung des Krankheitsrisikos und Verbesserung der Gesundheit

Nachhaltige Burnout-Prävention beinhaltet verhaltens- und verhältnisorientierte Maßnahmen. Verhaltensorientierte Maßnahmen beeinflussen das Verhalten von Mitarbeitern. Künstlerische Therapien weisen auf diesem Gebiet Erfolge auf, da Probleme und Störungen durch den künstlerischen Ausdruck auf eine andere Ebene gehoben und reflektiert werden können.[93] Individuelle Verhaltensstrukturen können im künstlerisch geschaffenen Werk sichtbar werden. Durch spezielle Aufgabenstellungen vom Therapeuten können Verhaltensweisen und Reaktionen direkt im künstlerischen Prozess erlebbar werden. Zum Beispiel durch die Aufgabe in ein zuvor geschaffenes Wohlfühlbild ein vom Therapeuten ausge-

---

[92] Vgl. Glicken, M. D./ Janka, K. (1982), S. 67 f.
[93] Vgl. Madelung, B./ Innecken, B. (2006), S. 165

wähltes Papierstück zu integrieren. Es gibt viele Möglichkeiten der Integration, von der kompletten Übermalung des Papierstückes bis hin zur großflächigen Überarbeitung des ursprünglichen Bildes. Je nach Auffassung, ob der Fremdkörper als Störung des ursprünglichen Wohlfühlbildes oder Geschenk zur Bereicherung der Ausgangslage aufgefasst wird. Durch das experimentelle Ausprobieren und Erleben von Lösungsmöglichkeiten und Bewältigungsstrategien gelingt der nachhaltige Transfer von Verhaltensänderungen in den Alltag leichter.

Verhältnisorientierte Maßnahmen zielen hauptsächlich auf die Verringerung von Gesundheitsrisiken am Arbeitsplatz. Jedoch gehören zu den Maßnahmen auch die Verbesserung der internen Kommunikation und der Teamstrukturen. Auf diesem Gebiet sind künstlerische Therapien wirksam.[94] Teamprozesse können in Gemeinschaftswerken künstlerisch dargestellt und reflektiert werden. Veränderungen können erarbeitet werden.

Führungskräften kommt bei der Professionalisierung der Ansätze von Burnout-Prävention eine Schlüsselrolle zu. Sie stellen als Leistungsträger selbst eine wichtige Zielgruppe dar und nehmen über ihr Führungsverhalten und die Gestaltung von Arbeitsverhältnissen maßgeblich Einfluss auf die Gesundheit ihrer Mitarbeiter. Gesundes Führen ist Beziehungsarbeit, die von den Vorgesetzten ausgeht.[95] Die Gestaltung der Kommunikation an der Schnittstelle von Personal und Organisation kann ebenfalls künstlerisch dargestellt oder inszeniert werden, um so optimiert zu werden.

Gesundheit ist ein Wertschöpfungsfaktor, für den eine gesunde Führung gesunde Bedingungen mit Hilfe von künstlerischen Therapien schaffen kann.[96]

6.1.3 Kostenersparnis

Die Einschätzung des ökonomischen Nutzens wird von zwei wesentlichen Leitfragen bestimmt: Übersteigt der Nutzen von Burnout-Präventionsprojekten mit künstlerischen

[94] Vgl. Reynolds, W./ Lim, H. (2007), S. 6
[95] Vgl. Von Wahlert (2012), S. 96
[96] Vgl. Lohmer (2012), S. 60 ff.

Therapien deren Kosten? Könnte mit den gegebenen Kosten durch herkömmliche Maßnahmen ein höherer Nutzen erzielt werden?

Die Beantwortung der Frage nach dem ökonomischen Nutzen wird durch die Schwierigkeit der Bewertung der nichtmonetären Effekte erschwert. Der Einsatz von künstlerischen Therapien erfordert Kosten für das Präventionsprojekt, in der Absicht, dass durch diese Investition Kosten eingespart werden können. Krankenstand, Fehlzeiten und mindere Arbeitsleistung sollen durch die Investition vermindert werden. Speziell für Burnout sind Stress und Arbeitszufriedenheit relevante Größen, die schwierig zu erfassen sind und deren Veränderungen und Auswirkungen ebenso schwierig in Geldeinheiten abzubilden sind.

Bei der praktischen Analyse ist aufgrund der geringen Teilnehmerzahl (n=9) eine Aussage über die Einsatzmöglichkeiten und den ökonomischen Nutzen von künstlerischen Therapien schwer zu formulieren. In die praktische Analyse konnten nur KMU-Betriebe eingeschlossen werden, von denen ein Drittel (n=3) der beteiligten Unternehmen über kein BGF-Programm verfügen. Da vor allem größere Unternehmen über ein entsprechendes Budget für gesundheitsfördernde Maßnahmen verfügen,[97] ist davon auszugehen, dass in KMU-Betrieben kaum finanzielle Ressourcen dafür vorhanden sind. Der Nachweis des ökonomischen Nutzens ist daher für diese Betriebe von besonderem Interesse, um BGF-Programme einzuführen. Für die Einführung eines BGF-Programms sind über das Vorhandensein der finanziellen Mittel die Werte und Überzeugungen der Unternehmensleitung, als auch der Einfluss von Stakeholdern entscheidend.[98]

Das Ergebnis der praktischen Analyse entspricht einer repräsentativen Befragung des Instituts für Arbeitsmarkt- und Berufsforschung, dass Maßnahmen der BGF in Deutschland in den einzelnen Wirtschaftsbranchen recht unterschiedlich umgesetzt werden.[99]

Eine 2007 veröffentlichte Studie des AOK-Bundesverbandes an der 212 Unternehmen nach ihrer Einschätzung zur Wirksamkeit von BGF-Projekten befragt wurden, bestätigt den ökono-

---

[97] Vgl. Europäische Stiftung zur Verbesserung der Lebens- und Arbeitsbedingungen (1998), S. 24 f.
[98] Vgl. Lenhardt, U./ Rosenbrock, R. (1998), S. 323
[99] Vgl. Hollederer, A. (2007), S. 65

mischen Nutzen von BGF-Programmen.[100] Nachweisbar ist hier ein Zusammenhang von sozialen und wirtschaftlichen Faktoren. Hervorgehoben wurde in der Studie der Einfluss der internen Kommunikation auf die Leistungserbringung eines Betriebes, unabhängig von der Branche des Betriebes. Künstlerische Therapien haben Einfluss auf die interne Kommunikation und Teamprozesse.[101] Daher ist davon auszugehen, dass durch die Verbesserung der internen Kommunikation und Teamprozesse ein ökonomischer Nutzen erzielt werden kann.

Aus der Datenlage der Literatur lassen sich keine eindeutigen Aussagen zu den Einsatzmöglichkeiten und dem ökonomischen Nutzen von künstlerischen Therapien zur Burnout-Prävention in Unternehmen entnehmen. Die zahlreichen US-amerikanischen Studien zur betrieblichen Burnout-Prävention sind nicht ohne weiteres auf die Situation in Deutschland zu übertragen. Deutsche Studien sind nur wenige vorhanden, spezielle Studien zu betrieblichen Burnout-Prävention mit künstlerischen Therapien fehlen völlig. Die vorhandenen Daten geben jedoch Anlass dafür, die Wirksamkeit und den ökonomischen Nutzen von künstlerischen Therapien zu vermuten.

In der praktischen Analyse konnten die Leitfragen nach der Überlegenheit von künstlerischen Therapien gegenüber bestehenden Angeboten nicht beantwortet werden, auch die Frage nach dem ökonomischen Nutzen bleibt offen. Die Gründe dafür: die nicht repräsentative Anzahl der teilnehmenden Betriebe und die kaum vorhandenen Angebote von Burnout-Präventionsprojekten mit künstlerischen Methoden.

Da sich ein ökonomischer Nutzen aus der Analyse der theoretischen Grundlage ableiten lässt, handelt es sich bei der Burnout-Prävention mit künstlerischen Therapien um eine innovative Methode, die es gilt weiter zu erforschen.

[100] Vgl. https://www.aok-bgf.de/fileadmin/bgfonline/downloads/pdf
[101] Vgl. Uhle, T./ Treier, M. (2010), S. 35

6.2 Welche Strategien und Handlungsanweisungen lassen sich aus den Ergebnissen entwickeln?

Burnout-Erkrankungen haben nicht nur Auswirkungen auf die betroffenen Mitarbeiter, sondern auch auf die Arbeitsumgebung, das Betriebsklima und letztlich auf den Unternehmenserfolg. Daher sollten Handlungsempfehlungen nicht allein für Betroffene gegeben werden. Notwendig ist es, Veränderungen in der Organisationsstruktur und der Unternehmenskultur in ein Präventionsprogramm mit einzubeziehen, damit sich die Investition in eine solche Maßnahme rentiert. Jedoch stellen Veränderungen in diesem Ausmaß ein langwieriges Unterfangen dar.

Bisherige Burnout-Präventionsprogramme der betrieblichen Gesundheitsförderung bestehen aus Aufklärung und Information der Mitarbeiter sowie dem Angebot von verschiedenen Workshops zur Burnout-Thematik, zum Beispiel Zeitmanagement oder Entspannungstechniken. Vermittelt werden Techniken zum Umgang mit der Burnout-Gefährdung die per Checkliste oder Fragebogen erhoben werden. Burnout-Prävention mit künstlerischen Therapien vermittelt kein Einüben von Techniken. Ein wichtiges Element von künstlerischen Therapien ist die Selbstreflexion, die Selbstwahrnehmung durch künstlerisches Experimentieren. Über die Burnout-Gefährdung hinaus, können die Ressourcen und Kompetenzen erkannt bzw. gefördert werden. Die Reflexion des eigenen Verhaltens, der Erwartungen und vor allem ein bewusster, zweckmäßiger Umgang mit Stress sind hilfreich.

Damit sich eine innovative Burnout-Prävention mit künstlerischen Therapien etablieren kann, sind weiterreichende Forschungen zur Wirksamkeit und Wirtschaftlichkeit notwendig.

7. Zusammenfassung und Ausblick

Burnout ist ein körperlicher, emotionaler und geistiger Erschöpfungszustand aufgrund beruflicher Überlastung. Dieser wird durch Stress ausgelöst, der wegen verminderter Belastbarkeit nicht bewältigt werden kann.[102] Die Folgen sind chronische physische und psychische Erschöpfung und Erholungsunfähigkeit. Für die betreffende Person stellt Burnout eine starke gesundheitliche Beeinträchtigung und Minderung der Beziehungsqualität zum Team sowie den Gruppenprozessen im Betrieb dar. Erlebt wird ein Auseinanderklaffen von beruflichen Herausforderungen und persönlichen Ressourcen zur Bewältigung der Situation. Die Diskrepanz wird oft mit Gefühlen von Hilflosigkeit und Ohnmacht begleitet. Eine große Schwierigkeit ist die unspezifische medizinische Symptomatik und die von den Betroffenen nicht wahrgenommenen Warnsignale zu Beginn der Erkrankung. Allgemein scheitern präventive Maßnahmen für Burnout am fehlenden Problembewusstsein der Betroffenen. Bleiben die Warnsymptome der Anfangsphase unbemerkt, können die bestehenden Informations- und Trainingsangebote keine längerfristigen Verhaltensänderungen bewirken.[103] Fortgeschrittene Burnout-Prozesse bedürfen der Psychotherapie.[104]

Burnout ist zunehmend relevant für Unternehmen, denn an Burnout erkrankte Mitarbeiter verursachen durch ihren Leistungsabfall Kosten für den Betrieb. Das Angebot frühzeitiger und regelmäßiger Präventionsmaßnahmen im Betrieb ist notwendig.

Seit 1989 haben die Krankenkassen eine gesetzliche Anweisung zur betrieblichen Gesundheitsförderung. Bestehende betriebliche Burnout-Präventionsangebote berücksichtigen die vielfältigen Ursachen von Burnout, um die physische und psychische Leistungsfähigkeit der Mitarbeiter zu erhalten und zu fördern. Zur Entwicklung eines Burnout-Syndroms tragen die Arbeitsplatzbedingungen und Organisationsstrukturen bei. Zugleich ist eine individuelle Disposition notwendig. Nachhaltige Burnout-Präventionsangebote umfassen verhaltens- und verhältnisorientierte Maßnahmen.

---

[102] Vgl. Jaggi, F. (2008), S. 6
[103] Vgl. Burisch, M. (2010) S. 28
[104] Vgl. Fischer, H. J. (1983), S. 107

Künstlerische Therapien, dazu zählen Musik-, Kunst- und Theatertherapie, können das bestehende Angebot der Gesundheitsförderung erweitern. Die Vorteilhaftigkeit der künstlerischen Therapien sind die Verbesserung der Selbstwahrnehmung und Reflexion im Zusammenhang mit den eigenen Stärken und Kompetenzen. Die auf künstlerischer Ebene ausgedrückten bewussten und unbewussten Konflikte sowie Ressourcen haben nachhaltigen Einfluss auf das gesundheitsbewusste Verhalten der einzelnen Mitarbeiter. Mithilfe künstlerischer Therapien können Kommunikationsstrukturen und damit verbunden, mögliche Reibungsverluste in Team- und Organisationsstrukturen aufgedeckt und bearbeitet werden sowie Führungsverhalten optimiert werden. Darüber hinaus bieten künstlerische Therapien einen Schutzraum, in dem neue Erfahrungen möglich sind. Hier können Handlungsalternativen erprobt und später gewinnbringend im Unternehmen eingesetzt werden. Ein Transfer der Erkenntnisse in den Berufsalltag wird durch das vorhergehende Ausprobieren im Rahmen der künstlerischen Therapien erleichtert.

Die künstlerisch-therapeutische Arbeit mit einzelnen Mitarbeitern zielt auf die verhaltensorientierte Burnout-Prävention. Betroffene Personen können ihre Burnout-Gefährdung in den künstlerischen Gestaltungen wahrnehmen und erkennen. Ressourcen, vor allem zum Umgang mit Stress, können erschlossen und adaptive Bewältigungsstrategien erarbeitet werden.[105]

Verhältnisprävention mit künstlerischen Therapien trägt zur Verbesserung von Team- und Organisationsstrukturen bei. Entscheidende Aspekte sind hier das Betriebsklima, die kollegiale Unterstützung sowie klare Kommunikationsstrukturen und Aufgabenverteilungen. Zu berücksichtigen ist, dass Organisationsstrukturen und Teamprozesse sich entwickeln und permanent in Bewegung sind. Auf diese Veränderungen muss entsprechend reagiert werden, um die Balance zwischen den Anforderungen an die Mitarbeiter und deren Ressourcen zu erhalten. Diese Prozesse spiegeln sich in den künstlerischen Gestaltungen wieder und können dadurch bearbeitet und optimiert werden. Damit das gelingen kann, sind regelmäßige Angebote künstlerischer Therapien diesbezüglich notwendig, um die Stärken einzelner Mitarbeiter zu verknüpfen und in leistungsstarke Teams zu bündeln. Künstlerische

---

[105] Vgl. Huss, E. (2012) S. 451 ff.

Therapien unterstützen Unternehmen darin, gut ausgebildete und kompetente Mitarbeiter sinnvoll einzusetzen. So können sich Mitarbeiter als professionelle Fachkräfte erweisen und Arbeitszufriedenheit entwickeln. Dadurch können Team- und Organisationsstrukturen wie auch die Produktion bzw. das Dienstleistungsangebot mit Innovationen bereichert werden. Vorausgesetzt, Fehler sind zulässig und werden als Teil des Lernprozesses angesehen.[106]

Der nachhaltige Erfolg eines Unternehmens schließt die Unternehmenskultur mit ein, damit sich Mitarbeiter motiviert für das Unternehmen engagieren.[107] Motivierte Mitarbeiter, deren Ziele mit dem Unternehmenszweck vereinbar sind, weisen eine höhere Arbeitszufriedenheit auf und können eine qualifizierte Arbeitsleistung erbringen. Dadurch bedingt weisen diese Mitarbeiter weniger Fehlzeiten auf.[108] Die gezielte künstlerisch-therapeutische Arbeit unterstützt die Verknüpfung von persönlichen Zielen der Mitarbeiter mit dem Unternehmenszweck. Eine optimale Burnout-Prävention vereinigt Mitarbeiter- und Unternehmensziele, damit sich der Unternehmenserfolg durch Mitarbeiter realisiert, die vollen Zugang zu ihren Potentialen haben, und die diese für die Unternehmensziele einsetzen wollen. Die Gesundheit von Mitarbeitern und Teamstrukturen sind von zentraler Wichtigkeit für die Wettbewerbsfähigkeit und ein langfristiges Kostenmanagement. Die kostspieligen Folgen von Burnout können stressbedingte Produktionsfehler oder Fehlentscheidungen, Krankheitsfehlzeiten, Abfindungen ausgebrannter Mitarbeiter sowie Kosten für Neueinstellungen sein. Durch eine Burnout-Prävention mit künstlerischen Therapien kann ein immaterieller Vermögenswert geschaffen werden, der sich langfristig als Wettbewerbsvorteil am Markt monetär auszahlt.

Zur ökonomischen Analyse müssen monetär nicht fassbare Effekte quantifiziert und monetarisiert werden. Eine weitere Schwierigkeit besteht in dem zeitlichen Zusammenhang von Ursache und Wirkung, der bei Burnout schwer nachzuweisen ist. Der prospektive Return on Investment (ROI) ermöglicht eine Kalkulation des Kosten-Nutzen-Verhältnisses, außerdem kann ein Vergleich der Effizienz verschiedener Maßnahmen aufgestellt werden.

---

[106] Vgl. Johansen, B. (2009), S. 551
[107] Vgl. Badura, B. et al. (1999), S. 55 f.
[108] Vgl. Matyssek, A. K. (2011), S. 22

Die hier vorliegende Diskussion der Analyse zeigt, dass von einem theoretischen Nutzen künstlerischer Therapien zur betrieblichen Burnout-Prävention ausgegangen werden kann.[109] In der Praxis ist dieser innovative Ansatz wenig bis gar nicht verbreitet. Die praktische Analyse hat gezeigt, dass die für das BGM verantwortlichen Mitarbeiter in dem Einsatz künstlerischer Therapien einen Nutzen annehmen und diesem Ansatz prinzipiell offen gegenüber stehen. Die Umsetzung ist abhängig von den Unternehmenswerten und dem Einfluss von Stakeholdern. Während für die Mitarbeiter der individuelle Nutzen der Maßnahme im Vordergrund steht, ist für das Management die Senkung von Kosten, zum Beispiel durch nicht nötige Lohnfortzahlungen oder eine Erlössteigerung mithilfe von Qualitäts- und Produktivitätssteigerung relevant.

Zur Einführung und Etablierung von künstlerischen Therapien zur Burnout-Prävention in Unternehmen sind weiterreichende Forschungsarbeiten notwendig. Wesentlich ist der Nachweis des Nutzens für die Mitarbeiter, die Organisationsstrukturen und die Darlegung der monetären Vorteile gegenüber bestehenden Angeboten zu erbringen.

[109] Vgl. Kapitel 6, S. 37 ff.

8. Anhang

Fragebogen

Mit einer Veröffentlichung bin ich einverstanden (Zutreffendes bitte ankreuzen):

Veröffentlichung, Nennung des Unternehmens und Ansprechpartners in der Diplomarbeit von Regine Merz zum Thema „Einsatzmöglichkeiten und ökonomischer Nutzen künstlerischer Therapien zur Burnout-Prävention in Unternehmen" an der VWA Bochum? Ja/nein

Veröffentlichung der erhobenen Daten in der oben genannten Diplomarbeit von Regine Merz? Ja/nein

Bitte geben Sie für mögliche Rückfragen Ihren Namen bzw. einen Ansprechpartner an:

Name des Unternehmens:

Name, Vorname (Ansprechpartner):

Telefon:

E-Mail:

Bitte tragen Sie die entsprechenden Angaben zum Unternehmen ein:

Branche:

Betriebsgröße (Anzahl der Beschäftigten)

( ) Kleinstunternehmen: (weniger als 10 Beschäftigte)

( ) Kleine Unternehmen: (weniger als 50 Beschäftigte)

( ) Mittlere Unternehmen: (weniger als 250 Beschäftige)

( ) Großunternehmen: (mehr als 250 Beschäftigte)

Seit wann läuft ein BGF-Programm in Ihrem Unternehmen? ___/___ (Monat/Jahr)

Gibt es Burnout-Präventionsmaßnahmen? Ja/nein

⇨ Wenn ja, seit ___/___ (Monat/Jahr)

⇨ Wurden alle Mitarbeiter durch die Maßnahme erreicht? Ja/nein

Werden bei der Burnout-Prävention künstlerische Therapien angewendet? Ja/nein

Wenn ja, welche? (Mehrfachnennungen sind möglich)

( ) Musiktherapie ( ) Theatertherapie ( ) Kunsttherapie

Welchen konkreten wirtschaftlichen Nutzen können Sie durch die Burnout-Prävention für Ihr Unternehmen erkennen? (Zutreffendes bitte ankreuzen)

Kategorie	sehr hoch	hoch	eher gering	sehr gering	trifft nicht zu
Senkung der Entgelt-fortzahlung					
Reduzierung der Fluktuationsrate					
Produktivitäts-steigerung					
Steigerung der Kunden-zufriedenheit					
Weitere Katego-rien bitte eintragen:					

Welcher konkrete wirtschaftliche Nutzen ist auf den Einsatz künstlerischer Therapien zurückzuführen?

Kategorie	sehr hoch	hoch	eher gering	sehr gering	trifft nicht zu
Senkung der Entgelt-fortzahlung					
Reduzierung der Fluktuationsrate					
Produktivitätssteigerung durch: a. verbesserte Teamfähigkeit?					
b. Verbesserung der Arbeitszufriedenheit?					
c. Identifikation mit dem Unternehmen?					
Steigerung der Kundenzufriedenheit					
Weitere Kategorien bitte eintragen:					

Wie hoch schätzen Sie den monetären Erfolg durch den Einsatz von künstlerischen Therapien zur Burnout-Prävention ein:

_______ € Einsparungen bei der Lohnfortzahlung

_______ € jährliche Produktivitätssteigerung durch gesündere/ höher motivierte Belegschaft

( ) Ich kann keinen Betrag abschätzen.

Der „Return on Investment" (ROI) durch Einsatz von künstlerischen Therapien zur Burnout-Prävention liegt bei ca. 1 : ____

Auch wenn bisher in Ihrem Unternehmen keine Burnout-Prävention mit künstlerischen Therapien erfolgt ist, wie würden Sie den konkreten wirtschaftlichen Nutzen dieser Methode einschätzen?

Kategorie	sehr hoch	hoch	eher gering	sehr gering	trifft nicht zu
Senkung der Entgeltfortzahlung					
Reduzierung der Fluktuationsrate					
Produktivitäts-steigerung					
Steigerung der Kunden-zufriedenheit					
Weitere Kategorien bitte eintragen:					

Würden Sie eine Burnout-Prävention mit künstlerischen Therapien den üblichen BGF-Programmen zur Burnout-Prävention vorziehen?

Ja/nein

Vielen Dank für Ihre Mitarbeit!

9. Literaturverzeichnis

Abele, A. (1991): Auswirkungen von Wohlbefinden oder: Kann gute Laune schaden?, in A. Abele/ P. Becker (Hrsg.): Wohlbefinden. Theorie, Empirie, Diagnostik, Juventa, Weinheim, S. 297-325

Aldana, S. G. (2001): Financial Impact of Health Promotion Programs: A Comprehensive Review of Literature, in: American Journal of Health Promotion, Heft 15, 5, S. 296-320

Allenspach, M./ Brechbühler, A. (2005): Stress am Arbeitsplatz, Huber, Bern

Alvin, J. (1984): Musiktherapie: Ihre Geschichte und ihre moderne Anwendung in der Heilbehandlung, Deutscher Taschenbuch Verlag/ Bärenreiter, Kassel

Aminabadi, N. A. et al. (2011): Can Drawing be Considered a Projective Measure for Children's Distress in Paediatric Dentistry?, in: International Journal of Paediatric Dentistry, Heft 21, 1, S. 1-12

AOK-Bundesverband: Wirtschaftlicher Nutzen Betrieblicher Gesundheitsförderung aus Sicht der Unternehmen. Dokumentation einer Befragung, Bonn 2005, https://www.aok-bgf.de/fileadmin/bgfonline/downloads/pdf/Das%20macht%20sich%20bezahlt_Bericht_2007.pdf (zugegriffen am: 15.01.2013)

Aronson, E. et al. (1983): Ausgebrannt. Vom Überdruss zur Selbstentfaltung, Klett-Cotta, Stuttgart

Awa, W. et al. (2010): Burnout prevention: A Review of Intervention Programs, in: Patient Education and Counseling, Heft 78, S. 184-190

Awal, D./ Stumpf, S. A. (2010): New Leadership for Success in a Global Business Environment: Lessons from Executive Caching, in: Herausforderungen an das Management, erfolgreiches Management, Berndt, R. (Hrsg.), Springer Verlag, S. 229-241

Badura, B. et al. (1999): Betriebliches Gesundheitsmanagement: Ein Leitfaden für die Praxis, Edition, Sigma

Badura, B. et al. (2010): Betriebliche Gesundheitspolitik. Der Weg zur gesunden Organisation, Springer Verlag

Badura, B. et al. (2012): Fehlzeiten-Report: Gesundheit in der flexiblen Arbeitswelt: Chancen nutzen – Risiken minimieren, Springer Verlag, Berlin

Bakker, A. (2007): The Job Demands-Resources-Model: State of the Art, in: Journal of Managerial Psychology, Heft 23, S. 307-328

O'Brien, E. K. et al. (2012): The Effect of a Specific Music Therapy songwriting Protocol on Adult Cancer Patients Mood – A Mixed Method, Multi-Site, randomized, Wait-List controlled Trial, in: Asia-Pacific Journal of Clinical Oncology, Heft 8, 3, S. 273-288

Blume, A. (2010): Integration BGM, in: Badura, B. et al.: Betriebliche Gesundheitspolitik. Der Weg zur gesunden Organisation, Springer Verlag, S. 273-288

Bunt, L. (2004): Musiktherapie: Eine Einführung für psychosoziale und medizinische Berufe, Beltz Juventa Verlag

Burgdorf, A. (2007): Economic Evaluation in Occupational Health – Its Goals, Challenges, and Opportunities, in: Scandinavian Journal of Environmental Health, Heft 33, S. 161-164

Burisch, M. (2010): Das Burnout-Syndrom, Springer Verlag

Chapman, L. S. (2005): Meta-Evaluation of Worksite Health Promotion Economic Return Studies: 2005 Update, in: The Art of Health Promotion, S. 1-11

Cherniss, C. (1980): Professional Burnout in Human Service Organizations, New York, Praeger

Cherniss, C. (1999): Jenseits von Burnout und Praxisschock, Beltz Verlag

Comelli, G./ von Rosenstiel, L. (2011): Führung durch Motivation: Mitarbeiter für Unternehmensziele gewinnen, Vahlen, München

Deutsches Institut für Medizinische Dokumentation und Information ICD-10 GM http://www.dimdi.de/static/de/klassi/icd-10-gm/kodesuche/onlinefassung/htmlgm2013/index.htm (zugegriffen am 30.12.2012)

Dishman, R. K. et al. (1998): Worksite Physical Activity Interventions, in: American Journal of Preventive Medicine, Heft 15, 4, S. 344-361

Edelwich, J./ Brodsky, A. (1980): Burn-Out. Stages of Disillusionment in the Helping Professions, New York, Human Sciences Press

Europäisches Netzwerk für Betriebliche Gesundheitsförderung (2007), www.netzwerk-unternehmen -fuer-gesundheit.de/fileadmin/rs-dokumente/dateien/Luxemburger_Deklaration_22_okt07.pdf (zugegriffen am 30.12.2012)

Europäische Stiftung zur Verbesserung der Lebens- und Arbeitsbedingungen (1998): Kosten und Nutzen des Arbeitsschutzes, Amt für amtliche Veröffentlichungen der Europäischen Gemeinschaften, Luxemburg

Fischer, H. J. (1983): A Psychoanalytic View of Burnout, in: B.A. Farber (Eds.): Stress and Burnout in the Human Service Professions, New York, Pergamon

Flaßpöhler, S. (2011): Wir Genussarbeiter: Über Freiheit und Zwang in der Leistungsgesellschaft, Deutsche Verlags-Anstalt

Freudenberger, H./ Richelson, G. (1980): Burnout. The High Cost of a High Achievement, Garden City, N.Y., Anchor Press

Freudenberger, H./ Richelson, G. (1983): Mit dem Erfolg leben, Heyne Verlag, München

Freudenberger, H./ North, G. (1992): Burnout bei Frauen, Krüger Verlag, Frankfurt/Main

Gesetze im Internet, http://www.gesetze-im-internet.de/bundesrecht/arbschg/gesamt.pdf (zugegriffen am 02.02.2013)

Glicken, M. D./ Janka, K. (1982): Executives under Fire: The Burnout Syndrom, in: Califorina Management Review, Heft 19, 3, S. 67-72

Greif, S. et al. (1991): Psychischer Stress am Arbeitsplatz, Hogrefe Verlag, Göttingen

Golaszewski, T. (2001): Shining Lights: Studies That Have Most Influenced the Understanding of Health Promotion's Financial Impact, in: American Journal of Health Promotion, Heft 15, 5, S. 332-341

Hamel, G. (2008): Das Ende des Managements: Unternehmensführung im 21. Jahrhundert, Econ

Hollederer, A. (2007): Betriebliche Gesundheitsförderung in Deutschland – Ergebnisse des IAB-Betriebspanels 2002 und 2004, in: Gesundheitswesen, Heft 69, S. 63-76

Huss, E. (2012): Integrating Strength and Stressors through Combinig Dynamic Phenomenological and Social Perspectives into Art Evaluations, in: Arts In Psychotherapy, Heft 3, 5, S. 451-455

Hüther, G. (2006): Die Macht der inneren Bilder, Vandenhoeck & Ruprecht

Italia, S. et al. (2008): Evaluation and Art Therapy Treatment of the Burnout Syndrome in Oncology Units, in: Psycho-Oncology, Heft 17, 7, S. 676-680

Jacob, K. (2006): Zum Zusammenhang von Burnout und Gesundheitsbewusstsein. Eine empirische Untersuchung zum Burnout bei Lehrern und Lehrerinnen, Schriften aus dem Institut für Rehabilitationswissenschaften der Humboldt-Universität zu Berlin, Heft 2

Jaffé, A. (1987): Bildende Kunst als Symbol, in: C. G. Jung: Der Mensch und seine Symbole, Walter-Verlag, S. 232-273

Jaggi, F. (2008): Bournout – praxisnah, Georg Thieme Verlag, Stuttgart

Janer, G. et al. (2002): Health Promotion Trials at Worksites and Risk Factors for Cancer, in: Scandinavian Journal of Work, Environment & Health, Heft 28, 3, S. 141-157

Johansen, B. (2009): Leaders Make the Future: Ten New Leadership Skills for an Uncertain World, Berrett-Koehler Publishers, San Franciso, CA

Juristischer Informationsdienst (31.12.2012):
http://dejure.org/gesetze/SGB_V/20a.html (zugegriffen am 02.01.2013)

Klinger, E. (1998): The Search for Meaning in Evolutionary Perspective and in Clinical Implication, in P.T.P. Wong & P.S. Fry (Eds.): The Human Quest for Meaning. Mahwah, N. J., Erlbaum

Klorer, P. (2005): Expressive Therapy with Severely Maltreated Children, in: Journal of the American Art Therapy Association, Heft 22, 4, S. 213-220

Knapp, K. (2011): Gesünder arbeiten, in: Personalwirtschaft, 03, S. 34-36

Kuoppola, J. et al. (2008): Leadership, Job Well-being, and Health Effects – A Systematic Review and a Meta-analysis, in: Journal of Occupational and Environmental Medicine, Heft 50, 8, Sp. 904-915

Kurth, B.-M. (2012): Studie zur Gesundheit Erwachsener in Deutschland (DEGS), Bundesgesundheitsblatt-Gesundheitsforschung-Gesundheitsschutz, S. 980-990

Lauerdale, M. (1982): Burnout, Austin, TX, Learning Concepts

Lazarus, A. A./ Lazarus, C. N. (2011): Der kleine Taschentherapeut, Deutscher Taschenbuch Verlag, München

Leidenfrost, J. (2006): Kritischer Erfolgsfaktor Körper? Leistung neu denken: Ressourcenpflege im Management, Rainer Hampp Verlag

Lenhardt, U./ Rosenbrock, R. (1998): Gesundheitsförderung in der Betriebs- und Unternehmenspolitik, Voraussetzungen – Akteure – Verläufe, in: Müller, R. & Rosenbrock, R. (Hrsg.): Betriebliches Gesundheitsmanagement, Arbeitsschutz und Gesundheitsförderung – Bilanz und Perspektiven, Asgard, Sankt Augustin, S. 298-326

Leppin, A. (2006): Burnout: Konzept Verbreitung, Ursachen und Prävention, in: Badura, B. et al, Fehlzeiten-Report 2006, Chronische Krankheiten, Springer Verlag, Berlin

Lipinski, G. (2002): Das Theater als heilende Gemeinschaftskunst, in: Müller-Wirth, D. et al.: Theater Therapie, Junfermann Verlag, Paderborn, S. 25-35

Litzcke, S. M./Schuh, H. (2007): Stress, Mobbing und Burn-out am Arbeitsplatz, Springer Medizin Verlag, Heidelberg

Lohmann-Haislah, A. (2013): Stressreport Deutschland 2012, baua, Bundesanstalt für Arbeitsschutz und Arbeitsmedizin

Lohmer, M. (2012): Führung gestalten: Personal und Organisation, in: Lohmer, M. et al.: Gesundes Führen: Life-Balance versus Burnout in Unternehmen, Schattauer, S. 60-69

Madelung, E./ Innecken, B. (2006): Im Bilde sein, Carl-Auer-Systeme

Maslach, C./ Jackson, S. E. (1981): The Measurement of Experienced Burnout, in: Journal of Occupational Behaviour, 2, S. 99-113

Maslach, C./ Jackson, S. E. (1981): Maslach Burnout Inventory („Human Service Survey"), Palo Alto, CA, Consulting Psychologists Press

Maslach, C. (1982): Burnout – The Cost of Caring, Englewood Cliffs, N.J., Prentice Hall

Maslach, C./ Leiter, M. P (2001): Die Wahrheit über Burnout. Stress am Arbeitsplatz und was sie dagegen tun können, Springer Verlag

Matyssek, A. K. (2011): Wertschätzung im Betrieb, Impulse für eine gesündere Unternehmenskutur, Books on Demand, Norderstedt

Neumann, L. (2002): Vom Traum zum Theater – Regie der Therapie, in: Müller Wirth, D. et al.: Theater Therapie, Junfermann Verlag, Paderborn, S. 61-90

Neuwirth, S. (2008): Die Orff-Musiktherapie bei psychischen Störungen im Kindes- und Jugendalter: Eine musiktherapeutisch-sozialarbeiterische Synthese, Tectum Verlag

Nitzschke, A. et al. (2010): Organisationskrankheit Burnout, in: Badura, B. et al.: Betriebliche Gesundheitspolitik. Der Weg zur gesunden Organisation, Springer Verlag, S. 388-399

Perez, R. G. (2012): Artistic Education and Communication of the Heritage, in: Arte Individuo Y Sociedad, Heft 24, 2, S. 283-299

Petersen, P. et al. (2011): Forschungsmethoden Künstlerischer Therapien, Reichert Verlag

Pines, A./ Maslach, C. (1978): Characteristics of Staff Burnout in Mental Health Settings, in: Hospital and Community Psychiatry, 29, S. 233-237

Pines, A./ Aronson, E. (1988): Career Burnout, New York, Free Press

Pines, A (1993): Burnout: An Existential Perspective, in: Schaufeli, W. B., Maslach C., Marek T., (Eds.): Professional Burnout: Recent Developments in Theory and Research, Washington, DC, Taylor & Francis, S. 33–52

Proper, K. et al. (2002): Effectiveness of Physical Activity Programs at Worksites with Respect to Work-Related Outcomes, in: Scandinavian Journal of Work, Environment & Health, Heft 28, 2, S. 75-84

Reynolds, F./ Lim, K. H. (2007): Contribution of Visual Art-Making to the Subjective Well-Being of Women living with Cancer, in: The Arts in Psychotherapy, 34, S. 1-10

Savicki, V./ Cooley, E. J. (1983): Theoretical and Research Considerations of Burnout, in: Children and Youth Services Review, 5, S. 227-238

Schaufeli, W. B./ Enzmann, D. (1998): The Burnout Companion to Study and Practice: A Critical Analysis, London: Taylor & Francis

Siegrist, J. et al. (2004): The Measurement of Effort-Reward Imbalance at Work: European Comparisons, in: Social Science and Medicine, 58, S. 1483–1499

Sinapius, P. (2010): Ästhetik therapeutischer Beziehungen - Therapie als ästhetische Praxis, Shaker Verlag, Aachen

Töpfer, A. (2007): Six Sigma, Konzeption und Erfolgsbeispiele für praktische Null Fehler-Qualität, Springer Verlag

Ueberle, M./ Greiner, W. (2010), Kennzahlenentwicklung, in: Badura, B. et al.: Betriebliche Gesundheitspolitik. Der Weg zur gesunden Organisation, Springer Verlag, S. 253-263

Uhle, T./ Treier, M. (2010): Betriebliches Gesundheitsmanagement. Gesundheitsförderung in der Arbeitswelt – Mitarbeiter einbinden, Prozesse gestalten, Erfolge messen, Springer Verlag

Ulrich, D./ Ulrich, W. (2012): Das Geheimnis der Arbeit, so werden wir produktiver, Redline Verlag

Volkamer, K. et al. (1991): Intuition, Kreativität und ganzheitliches Denken, Sauer Verlag

Von Wahlert, J. (2012): Führung und Mitarbeiterorientierung, in: Lohmer, M. et al.: Gesundes Führen: Life-Balance versus Burnout in Unternehmen, Schattauer, S. 82-99

Watzlawick, P. (2007): Menschliche Kommunikation, Huber, Bern

Wichelhaus, B. (1996): Kunsttherapie als Wissenschaftsdisziplin, in: Musik-, Tanz- und Kunsttherapie, 3, S. 143-144